U0206668

网络空间治理中数字平台的私人规制研究

A RESEARCH ON PRIVATE REGULATION OF DIGITAL
PLATFORMS IN CYBERSPACE GOVERNANCE

那朝英　著

中国社会科学出版社

图书在版编目（CIP）数据

网络空间治理中数字平台的私人规制研究 / 那朝英
著. -- 北京：中国社会科学出版社，2024. 10. -- ISBN
978-7-5227-4086-7

Ⅰ. TP393.4

中国国家版本馆 CIP 数据核字第 2024GP9822 号

出 版 人	赵剑英
责任编辑	范娟荣
责任校对	杨 林
责任印制	李寡寡

出　　版	中国社会科学出版社
社　　址	北京鼓楼西大街甲 158 号
邮　　编	100720
网　　址	http://www.csspw.cn
发 行 部	010 - 84083685
门 市 部	010 - 84029450
经　　销	新华书店及其他书店

印　　刷	北京明恒达印务有限公司
装　　订	廊坊市广阳区广增装订厂
版　　次	2024 年 10 月第 1 版
印　　次	2024 年 10 月第 1 次印刷

开　　本	710×1000 1/16
印　　张	15.75
字　　数	228 千字
定　　价	85.00 元

序　言

　　网络化是 21 世纪最显著的特征之一，这一特征为国际关系的研究设置了一个全新的背景。网络不再只和技术相关，正全面影响着全球范围内国家间以及组织间的利益和权力分配方式，已成为各国政治、安全和经济的重要战略支点，是当前国际关系研究中的重要议题。

　　形成于网络基础上的网络空间吸纳了物理空间中的大多数活动，成为映射物理空间的虚拟空间和人类活动新场所。作为复杂系统，网络空间首先是信息技术空间，是由互联的终端构成的处理信息以及信息流动的载体和场所，是全球相互连接的数字信息和通信基础设施。另外，它也是社会空间，为社会活动提供了新型空间资源，建构了新的社会关系模式，其融合和扩展变革着现实社会结构。而从国际关系的视角来看，网络空间是以受主权管辖的物理基础设施为基础人为建构的具有公域和私域混合属性的虚拟场域，这个虚拟场域给人们带来了便利和高效，但与此同时，其中也出现了"治理黑洞"，各种问题层出不穷。因而，近年来，网络空间治理问题备受各国关注，许多国家将其上升为各自的重要战略议题。所以，各国围绕网络空间关键资源控制以及治理主导权争夺的博弈正在不断加剧。然而，在很大程度上，目前针对网络空间而建立的治理机制正面临着适用性和有效性不足的问题。多利益相关方治理模式是目前认可度最高的治理模式之一，但对于这一模式的研究只强调了多利益相关方参与治理的必要性，对于各相关方如何参与治理，尤其是在具体的治理议题上，各相关方之间的关系如何处理等问题还没有形成共识。

互联网和其他技术的不同之处在于，它是一个能自我生长和自我适应的复杂系统，其自组织机制使得新的结构和秩序可以通过自我演化的方式通过大规模协同行为而建立起来，所以，网络空间不仅有物理组成部分，还具有生物演化和文化建构的属性和功能。依据这个特点，本书试图从治理主体的互动关系及网络结构的视角出发，分析政府、私营部门和公民社会等治理主体在国际国内两个层面的复杂互动关系及其结构，并在此基础上针对网络空间中数字平台影响力不断提升的现象，结合网络空间的治理实践，研究了数字平台如何积极实施私人规制，进一步强化自身影响力这一问题。数字时代的权力运作有了新的逻辑，权力的实施越来越隐身了，正是在这一背景下，数字平台在网络空间中逐步聚集起了话语性权力、制度性权力和技术性权力等多种私权力，这些权力奠定了数字平台实施私人规制的实力基础，而政府和社会在网络空间治理过程中对数字平台已产生了结构性依赖，这为平台进行私人规制又奠定了实效合法性和道德合法性的基础。通过具有单向全景规训效果的技术治理，以契约化方式建构的技术规则和以行为规范为基础的建章立制过程，数字平台成为网络空间的建制者和规训者，其实施的私人规制取得了显著实效。但是，平台具有双重身份，既是市场交易主体，又是市场裁决者，其规制存在内生性局限，一个稳定的、"非寻租"的"守夜人"政府，以及能够行使监督权的社会力量依然不可或缺。

目　　录

第一章

绪　　论

第一节　选题背景和问题的提出

一　选题背景：国际社会的网络化和网络空间的"治理黑洞"

（一）　蓬勃发展的互联网和加速扩展的网络空间：网络技术逐步成为重塑社会结构的基础性要素

产生于 20 世纪 60 年代的网络技术是美苏冷战的重要政治产物，却使人类的历史发展进程发生了翻天覆地的变化。在过去的三十几年时间里，互联网以不可思议的速度席卷全球，把全世界的人、企业和国家连接在一起，促使人类进入了数字信息时代，而相较于过去的工业时代，数字信息时代人们的生产生活方式发生了质的变化。以我国为例，在 1994 年加入国际互联网后，网络基础设施建设不断提升，应用资源迅速增加，网民规模快速壮大，截至 2023 年 6 月，我国域名总数已达 3024 万个，互联网宽带接入端口数量达 11.1 亿个，光缆线路总长度达 6196 万千米，网民总数已达 10.79 亿人，互联网普及率达到了 76.4%。[①] 此外，网络技术历经数次发展，其所渗透领域的深度和广度

---

① 中国互联网信息中心：《第 52 次中国互联网络发展状况统计报告》，2023 年 11 月 5 日，https：//www.cnnic.net.cn/n4/2023/0828/c88-10829.html。

1

不断扩展，从原本的技术领域逐步扩展到了军事、政治、经济、文化和社会等各个领域，并使各个领域呈现出交叉融合的发展状态。目前，全球的网络在线人数不断增加，在线时间不断延长，线上线下融合的趋势愈发明显，这导致人们在线上完成的活动越来越多，已从娱乐扩展到了工作，从电子商务扩展到了电子政务，国家、组织机构、企业以及个人对它的依赖性越来越强。因此，网络已成为这个时代人们最为倚重的关键公共基础设施之一，对企业成长、国家经济发展，甚至国家安全都具有了重要的战略意义。与其他重大技术的发展结果类似，网络的产生和发展不仅促进了技术领域的发展和进步，还促进了人类社会全面且深远的变革。过去几十年中，随着移动互联网、人工智能、云计算和大数据等新技术的应用，网络技术促进了经济繁荣、科技进步和思想传播。随着信息技术的发展，网络在人们生活中的作用还将进一步增大，比起相互依存，互联互通更能凸显当今国际社会的特征。

网络空间是基于现代信息网络技术而形成的新型虚拟政治和经济活动空间，从技术层面上讲，它主要是通过以互联网为代表的通信网络，将处于不同地理位置的具有独立功能的设备，通过通信线路连接起来，在各类软件、标准和协议的管理和协调下，实现资源共享和信息传递的系统和空间。近年来，随着新兴数字技术的发展，网络空间的发展在数字化和融合化的基础之上，又有了新的变化，已经从信息互联向"万物互联"进化。在物联网引发的万物互联条件下，社会深度数字化，促使着大数据应用时代的到来，网络空间正在不断地扩展其边界，有将绝大多数人类活动吸入其中的趋势。

网络空间已成为全球重要的信息基础设施，随着虚拟空间与现实空间的不断融合，现实空间的社会和经济机构将会被不断变革。这一空间的形成和扩展，从微观上影响了个人的思维和行为模式，改变了人际关系；从中观上改变了城市面貌和各类组织的沟通方式，从而影响了组织之间的关系；而以互联网为技术基础的网络融入国际政治和经济活动后，又从宏观上创造出许多新的事物，对传统的国际经济和国际政治运行模式提出了挑战，各种国际经济活动和政府行为等也都发生了变化，出现了新的特征。所以，网络已成为塑造国家之间关系的核心因素。

（二）网络空间发展的乱与治

网络的迅速发展带动了各行各业的快速变化与调整。单就国际经济而言，数字贸易的发展不仅改变了传统国际贸易的商品结构和地理格局，也使世界经济面临着更加不确定的经济环境，使世界上以国家、民族作为发展贸易的界限不再居于唯一的主流地位。但需要警醒的是，人们在享受网络空间带来的商业机遇、生产便利及社会生活其他领域进步的同时，也日益受困于其中存在的利益损害、行为失范和秩序紊乱等治理困境。

第一，网络空间中知识产权保护问题越来越突出。关贸总协定乌拉圭回合在 1994 年缔结的《与贸易有关的知识产权协定》（*Agreement on Trade-Related Aspects of Intellectual Property Rights*，*TRIPS*）不仅确立了知识产权为私权的原则，还将知识产权保护的内容拓展到了七个方面，包括：版权及邻接权、商标权、专利权、地理标志权、工业品外观设计权、集成电路布线图设计权和商业秘密权等。[①] 然而，数字网络技术的发展和社会的进步，不仅使知识产权传统权利类型的内涵不断丰富，而且使知识产权的外延不断拓展。网络是到目前为止最为有效的信息传播方式，在数字技术的推动下，以数字化为基础，各种作品的表现形式虽越来越多样化，但彼此之间的分界线日益模糊，数字形式成为作品的主要表现形式之一，使得信息传播的载体可以不断增多，信息的再现异常便利和低成本。作为传统知识产权的主要衡量依据，作品与载体之间的联系被逐渐淡化，这不仅会模糊作品受保护的衡量标准，作品的归属问题也会复杂化。此外，就传统意义上的作品而言，独创性是作品受保护的唯一条件，这是因为传统作品较易分清个人的创作成果，而且能对其艺术高度进行主观上的评价。而在数字信息时代，精细化分工和协作化

————————

① 杨剑：《数字边疆的权力与财富》，上海人民出版社 2012 年版，第 99 页。

生产是最重要的工作方式，大量作品的出现是多人协作完成的成果，有些作品甚至包含了人工智能的贡献，在这一情况下，很难对这些作品的独创性加以界定，也很难对各部分的著作权加以区分，这种情形使网络空间中的知识产权保护问题进一步复杂化，使得网络空间中同时侵犯著作权人的人身权和财产权的现象大量存在。在电子商务交易中，假冒品大量充斥市场，而在各类网站中，作品被随意转录和修改的行为也屡禁不止。知识产权保护是促进技术创新和社会发展的重要举措，但是过度的知识产权保护也会限制知识和技术的扩散，不利于落后国家和弱势群体享受知识和技术发展的成果，如何平衡私权和公共利益，在知识产权保护与知识产权限制之间找准合理的界限，是需要进行深入研究的重大问题，而这一问题在网络空间中尤为突出，是各国目前博弈但又没有找到有效路径的重要议题之一。

第二，网络空间中数据大规模跨境流动的需求和数据主权诉求的矛盾急需协调。近年来，随着各种新技术的飞速发展，各种传感器遍布全球，大数据的来源日益广泛，大量数据迅速生成和聚集，非结构化数据不断涌现，催生了数据规模的爆炸式增长。在网络空间中，各项要素都只能凭借数据的形式最终得以外化，数据成为新型的战略资源，因而，任何主体对一国数据的非法干预都可能构成对其他国家核心利益的侵害。然而，在云计算等新技术环境下，数据的跨境流动已呈现出高度自动化的趋势，引发了许多新的安全问题与挑战。近几年来，各国对数据控制权的关切与日俱增，进而在世界范围内催生了有关数据主权的争论和博弈。

第三，网络空间中的失范行为越来越多，其危害性在不断加大。随着各国对互联网的依赖程度日渐增加，网络空间的脆弱性越发凸显，由各种失范行为引发的安全威胁也更加复杂和多元化，这不仅会危及网络本身运作的安全性和互通性，也会危及和网络相关联的现实空间秩序。垃圾邮件泛滥、各种网络病毒层出不穷、隐私数据泄露成常态、跨境电子商务无规可依、网络监控的幽灵挥之不去……，这些安全威胁不仅包含互联网技术层面的挑战，也涉及经济层面的数字规则和安全层面的网络犯罪、网络恐怖主义和网络战，还包括社会层面的个人信息和隐私保护等社会公共政策层面的挑战，这些对国家和个人安全带来了全方位的隐患。

第四，互联网关键基础资源管理权力集中分布的现状和网络的分布式发展之间存在着难以调和的结构性矛盾。互联网关键基础资源主要包括互联网根服务器管理系统、IP 地址、域名资源、网络协议和标准以及物理线路等。目前来看，在这一领域，由于历史及技术发展的原因，美国占据显著先发优势，以美国为代表的欧美发达国家及其公司与组织，掌握着网络空间的核心资源，控制着互联网的核心产业链。根服务器是国际互联网最重要的战略基础设施，是互联网通信的"中枢"，而由于各种原因，IPV4 互联网根服务器数量一直被限定为十三台，在这十三台根服务器中，包括主根服务器在内的十台在美国。而受美国政府影响的非政府组织互联网名称与数字地址分配机构（ICANN）自 1998 年以来，始终掌握着全球互联网域名和数字地址分配的权力。资源和权力的集中享有和网络的分布式发展本质之间的矛盾就此不断深化，不仅造成了网络发展本身的脆弱性，也造成了网络空间治理主体之间难以调和的矛盾和分歧。随着网络强国和新兴网络大国之间网络权力的不对称发展，资源的分配问题和美国的主导权问题在近几年成为各国争论较大的问题，是网络空间治理实践进一步推进的主要瓶颈之一。

第五，随着网络武器的出现，网络空间出现了军事化的趋势。信息网络经历了从实验性的军事网络，小规模的政府和科研网络到全面投入商业化运作的历程。网络信息技术的诞生，实际上和冷战时期的美苏战略博弈密切相关，后来虽然转为民用，但其和军事需求的联系一直持续不断。就目前而言，虽然互联网的快速发展和网络空间的日益扩展主要推动力来自经济和商业的需求，但军事领域应用的需求仍然深刻地影响着互联网尖端技术的发展，甚至不少国家已经投入大量经费进行研发专门用于网络攻击的网络武器，而自从"震网"病毒成功地对伊朗的核设施造成严重伤害之后，网络武器的重要性和破坏性就引起了更广泛的重视，网络武器的使用和扩散已经成为威胁国际安全的重要因素，而国家正在成为网络武器开发和扩散的主要源头之一。在此背景下，各大国越来越重视网络武器、网络威慑和制网权等方面的研究和政策制定，网络空间有进一步军事化的风险，而军事化会严重危害各国之间的现实战略平衡。

在面对这些新议题时，来源于现实世界的治理方式和治理理念却难以应对，网络空间的治理面临着新的挑战。因此，近年来，网络空间治理问题备受各国关注，其不仅将网络空间治理上升为各自重要的战略议题，还围绕着网络空间关键资源控制、治理机制建立、治理规则制定权和主导权争夺等问题展开了激烈博弈。然而，在很大程度上，目前针对网络空间而建立的治理机制正面临着合法性、适用性和有效性不足的问题，从信息社会世界峰会（WSIS）到互联网治理论坛（IGF），相关方讨论了诸多议题，也提出了很多方案，然而实质性的进展却很少。相比日新月异的技术发展和网络空间的不断嬗变，网络空间的治理机制明显难以与之匹配。因此，在理论上，如何适应变化了的国际政治经济环境，对技术快速发展变化条件下网络空间的治理问题进行深入研究，以免各国在网络空间中产生更多矛盾和冲突，从而影响现实中的大国关系，已经成为国内外国际关系学者急需面对的新问题。此外，由于历史和技术特点的要求，比起其他领域的全球治理，在网络空间治理中，企业和公民社会发挥的实际作用更大，角色更为独特，因而更需要清楚界定各类治理主体之间的角色和分工。鉴于此，本书拟从治理主体的研究视角出发，借助社会网络理论探讨网络空间治理的可能路径。

（三）网络空间治理的复杂化和私营部门的崛起

网络给人们带来便利和高效，因而人们将越来越多的活动转移到网上，并由此形成了一个新型的活动空间——网络空间。然而，互联网技术架构和早期的网络治理结构偏向于效率与速度，而忽视了安全性。近年来，随着网络空间不断扩展，网络空间安全的危害程度日益增加，全球范围内爆发了许多网络安全事件，网络空间中出现了"治理黑洞"。与此同时，互联网扩大了国家安全的内涵，即网络空间安全成为与政治安全、经济安全和军事安全同等重要的国家安全利益，随着各国在网络空间不断碰撞，随之而来的战略抉择和外交博弈也在不断增加。加快网络空间治理进程，建立相应机制和制度，确保网络空间的有序发展，是网络空间发展到目前阶段各国必须面对的紧急任务。

网络空间治理是全球各国面临的世界性难题，而网络空间治理模式的选择直接影响了其治理水平，决定了网络空间能够产生的社会效益。其中，由谁治理、如何公平有效地治理一直以来都是最核心的问题。历史经验表明，数量庞大而流动频繁的人口，是经济社会治理复杂化的重要根源，在拥有数以亿计网民的网络流动空间里，其结构之复杂，治理之艰难更是超越了以往的治理领域。在众多关于网络空间治理话题的研究和讨论中，互联网基于技术架构而存在的匿名性往往被视为一种"原罪"。作为网络空间中的基本行动单元，网民具有真实身份隐形化、具体行为虚拟化、主体关系陌生化、社会效应跨界化等显著特点。因此，对任何一种匿名状态下的网络行为责任的追溯，都面临着程序烦琐和成本过大等问题，是网络治理难以承受之重。网络的技术性和专业性又在网络社会与传统物理世界之间设置了一堵隐性的墙，使网络空间治理变得更为复杂。

一方面，各国在网络空间的竞争和博弈正在加剧，以国家为中心的全球网络空间治理实践进程困难重重。此外，互联网催生的一系列全新的生产方式和权力关系对现有治理体系提出了更为复杂的考验，诸多治理议题对专业技术知识储备和治理成本控制都提出了更高要求，以国家为中心的治理模式在面对复杂多变的网络空间治理议题时已显得力不从心，建立在单一主权国家基础上的公共治理体系已被证明不足以管理日益分散和快速变化的全球网络空间。

另一方面，以市场为基础的私人权威及其影响力在网络空间中的重要性在不断上升。以数字平台为代表的私营部门开始填补政府治理留下的空缺，发挥自身在全球网络空间治理中的独特作用。一些数字平台为增强市场竞争力、提升话语权和履行社会责任，通过制定私人标准（Private Standard）、确立最佳实践和强化技术监督等措施积极参与到了全球网络空间的治理进程中，不仅进一步强化了自身权威和影响力，还在客观上促进了网络空间的进一步扩展和治理。在私营部门发挥重要作用的全球治理框架中，数字平台一方面积极参与国家、政府和国际组织之间条约"及软法"的制定与实施，另一方面也越来越倾向于独立制定和实施各种全球性的行为规范，如各大数字平台制定和实施的行为规范、认证标签、指导原则和行业标准等。得益于网络空间中权力流散的趋势和协作治理理念的扩展，数字平台已发展成为其中举足轻重的角色，不仅能建章立制，还凭借强大的技术优势形成了一套以技术编码为基础的技术治理方式。

二　问题的提出

不同于其他治理领域，网络空间本身就是由互联网技术建构的虚拟空间，具有天然的技术性门槛，而且其早期的治理实践也一直以技术治理模式为主导。尤其是近年来，随着私人权威的进一步提升和私人标准的大规模增加，私人规制在网络空间中成为一种重要的流行现象。这一方面提供了政府进行治理改革的机遇，可以弥补政府规制的不足，促进法律法规的执行，提升技术进步和创新，从根本上保障网络空间安全，另一方面也引发了对私人规制合法性的质疑，如怎样强化和处理私人规则制定的透明度、有效性及与公共标准的关系，如何防止平台利用规则强化自我保护等。私人规制也对全球经济治理以及各国国内规制、国际经济秩序的发展带来了挑战。因此，如何认识数字平台进行私人规制的路径、方式及合法性，进而发挥其积极功效，成为网络空间治理领域重点关注的理论与现实问题。基于此，本书将着重研究数字平台私人规制的产生与发展，探讨其合法性，并分析这种私人规制能够实现的核心机制——技术规训和制度建构。

本书拟解决的关键问题有以下几个：网络空间中为何存在多元权威，多元治理的可行性如何？数字平台如何通过技术规训实现网络空间中的技术治理？数字平台在网络空间中建章立制的过程及其程度如何？数字平台如何协同技术治理和制度治理，从而实现其治理角色？

三 研究意义

（一）研究的理论意义

网络空间是互联网发展过程中，人们建构的一种新型虚拟空间，是硬件和软件的集合体，它既是一种先进工具，也提供了一种独特的生产和生活空间，人类因而获得了新的活动空间和行为方式。互联网产生之初，它仅被看成交流沟通的技术媒介，而其目前的发展状态已远远超出了初创者的预期，它所蕴含的复杂性、开放性、发展演化性完全可以比肩现实社会系统，而其缺场沟通与协作、虚拟性等属性则完全超出了传统现实世界的经验和逻辑。所以，在面对网络空间治理的难题时，建立在传统全球治理实践基础上的治理理论缺乏解释力，这就需要在借鉴现有理论的基础上，以网络空间的网络结构为出发点，以一种新的视角来切入，科学界定其属性，寻找网络空间治理的新路径和新框架，进一步丰富全球治理理论。

本书在对事实观察的基础上，借鉴福柯规训理论的分析框架，对数字平台参与网络空间治理的技术规训和制度建构等主要路径做了系统的探索，在分析方法和研究视角方面有一定的创新性。

1. 对网络空间属性的重新界定

网络空间是一个伴随新兴技术而产生的虚拟空间，其概念的内涵和外延都处于快速变化当中，传统上研究网络空间的学者多是信息技术科学领域的专家，他们对于网络空间的界定多从技术视角出发，认为网络空间是由各种硬件和软件组成的，其中有各种人类行为和数据流动。然而，互联网和其他技术的不同之处在于它是一个能自我生长和自我适应的复杂系统，它的自组织机制使得新的结构和秩序可以通过自我演化的方式通过大规模协同行为而建立起来，所以，网络空间不仅有物理组成部分，还具有生物演化和文化建构的属性和功能。从这个层面来看，网络空间是有机的，它是一个包含了各种行动者及其相互关系的不断演化发展的生态系统。所以，本书从跨学科的视角出发，以国际政治经济学为背景，提出网络空间的属性除了技术性和社会性，还具有政治属性和经济属性；网络空间是个复杂系统，具有复杂系统效应，要从网络结构的角度对其做系统性分析，可以说，对网络空间属性的认识相对更全面了。此外，强调了网络空间治理和互联网治理之间的区别和联系。鉴于学界和产业界对这两个概念的混用，本书强调互联网治理的重心在于保障互联网的互联互通和高效运转，而网络空间的治理则是在互联网治理的基础上发展而来的，包含了更丰富的社会治理和政治治理内容，是内涵和外延远大于互联网治理的一个概念，不能将二者简单地等同起来。

2. 强调了治理主体之间形成的网络结构的价值

网络无处不在，无论是各种实体社会组织中的成员，还是网络空间中的各种复杂关系等，都是以网络结构的形式出现在我们身边，在过去几十年中，不管是在现实生活还是在虚拟世界，网络都呈现出越来越复杂的趋势。如今，网络更是在社会结构的各个层面显示出其强大的影响力，网络关系已经遍及社会的各个角落和不同领域，也跨越了众多地域和国家，成为维系社会结构的纽带。所以，本书基于网络空间的技术网络结构，着重探讨了网络空间治理主体之间通过复杂互动所形成的网络结构及影响，认为治理主体之间所形成的网络结构是他们进行协调治理的压力和驱动力所在。社会网络分析认为，在互动的单位之间存在着非常重要的关系，这种关系是信息流通和资源传递的渠道，关系的存在既可能为行动者提供机会，也可能会限制其行动。由此，本书认为，网络空间是由网络参与者之间结成的网络结构所形成的，在解释网络空间中行为体的行为时，互动关系和行为体特性同样重要，网络空间中行为体如何行动的规则源自其在网络结构中的位置，网络结构研究的单位是行为体之间的互动关系，而不仅仅是行为体本身。网络空间治理的研究目前才处于起步阶段，大量技术背景的研究者将研究重点放在互联网技术治理手段的探讨上，而国际关系研究者由于缺乏技术知识，对于网络空间治理的研究难以深入下去，所以将讨论宏观机制建设作为研究的重点。因此，本书不仅着墨于宏观治理机制，还将研究视角放在治理主体及其互动关系上，结合社会网络理论，从网络空间治理各利益相关者之间的复杂互动关系入手，将各利益相关者和各治理议题都视为网络空间中的行动者，期望发掘出数字平台这一新型治理主体的独特作用。以前的研究者在研究网络空间治理主体时，主要研究各个治理主体的作用并企图找出发挥核心作用的行为体，倡导网络空间自治的人强调公民社会的主导地位，而另一部分人则强调国家主权在治理中的主导性，本书关注的平台私人规制过程期望超越这种二分法。

3. 研究了私营部门具有的市场权力和技术权力

本书在研究数字平台时，以国际政治经济学的视角，着重研究了私营部门及其所具有的市场权力和技术权力在塑造各利益相关者之间关系时的价值和影响，并通过分析云计算、AI、大数据、物联网等数字新技术对于私营部门和公民社会参与构建网络空间治理机制的作用，探索了网络空间中政府、私营部门和公民社会之间的新互动模式，是网络空间治理研究的一个新切入点。网络空间中主要存在两类规范，即技术规范与行为规范，无论是在技术规范还是在行为规范领域，国家公共权力作为法律治理的主体，越来越意识到政府在网络空间治理过程中的专业局限性和执行能力赤字问题，而网络空间中权力由控制权向行动权不断转化的过程更加深了这两个问题。在这种背景下，如何将市场因素纳入治理机制的建设和运行过程，充分利用私人行为体的力量改善网络空间领域的治理，是全球网络空间治理机制创新和改革值得思考的方向之一。数字平台的不断崛起及其积极实施的私人规制一方面填补了政府治理在这两方面的不足，但也引起了其对公共权力和个体权利侵蚀的隐忧。因而，如果不对数字平台及其私人规制加以研究，那么我们对网络空间治理的形式、路径和动力的认识就会显得浅薄而僵化。对数字平台的私人规制及其实现路径，以及技术治理与制度治理的协调问题进行系统研究不仅有助于深化受众对数字平台特征和本质的认识，进一步意识到数字平台治理的复杂性和独特性，对于系统的网络空间治理也具有重要的理论和政策价值。此外，研究数字平台私人规制能够帮助我们更好地理解全球跨国关系中的新变化和新情境，以及变革和创新治理机制的迫切性。

（二）研究的现实意义

数字技术的发展与普及为国际关系发展开拓了新的空间，国际关系领域已从现实的地缘空间扩展到虚拟的互联空间。在各国内部，围绕网络空间安全问题的战略制定、机构设置、制度建设与人才培养等治理行为在不断增加，而在国际层面，WISIS、IGF 等专门性论坛和机制在不断推进网络空间治理的实践和制度建设，主要大国和国际组织也开始将该议题纳入其外交议程。从发展来看，互联网设计架构和早期治理结构偏向于效率与速度而非安全性。然而，近年来，网络安全的危害程度日益增加，网络恐怖主义、隐私泄露、大规模数据监控、网络犯罪等安全事件不断出现，由网络引发的安全和发展问题产生的影响也越来越大。与此同时，随着各国的网络空间战略进行深度碰撞，随之而来的战略抉择和外交博弈也在不断增加。加快网络空间治理进程，建立相应的机制和制度，确保网络空间的有序发展，是网络空间扩展到目前阶段必须面对的紧急任务。然而，网络空间治理在理论和实践上都没有取得突破性进展，在实践中，"国际组织缺乏维持网络空间秩序的力量，国家则缺乏权威，而国家间签订协议的低效率根本无法跟上高速的技术更新"①。更为重要的是，受到传统国际政治格局和现实主义决策方

---

① Deborah Spar, "Lost in Cyberspace: The Private Rules of Online Commerce," in Claire Culter, Tony Porter, and Virginia Haufler, eds., *Private Authority and International Affairs*, Albany: SUNY Press, 1999, p. 47.

式的影响，网络空间治理被视为是对网络空间权力与资源的争夺，① 而不是共同实现网络空间发展的有序化，各行为体之间围绕着制度建设和虚拟资源分配的博弈正在加剧，治理进程困难重重。基于此，本书希望借助社会网络理论来厘清网络空间治理中三类利益相关者之间的复杂互动关系，并以此为基础，帮助它们找准各自的角色、定位和优势，各司其职，为它们之间的协同合作减少障碍，逐步实现网络空间的有效治理。

此外，全球互联网用户数量在近十年间增长迅速，与此同时，全球互联网用户的分布也发生了巨大变化，亚洲成为网民最多的地区，中国作为一个网络空间的新兴国家，用户基数大，市场活跃，表现出巨大的后发优势，甚至在移动支付等领域实现了对西方国家的弯道超车，中国在网络空间治理中若要寻求与自身互联网发展规模和实力相匹配的话语权，就需要妥善处理中国政府和大型互联网企业及非政府组织之间的关系，以协助国内互联网企业减少信息技术领域国际权力的制约，将企业的技术优势和市场优势有效转化成盈利能力和企业的发展优势，并提升国内专家学者在国际非政府组织中的地位和影响力。而要做到这些，对其进行系统的研究是前提，本书从私营部门和公民社会在早期网络空间治理中的主导作用入手，研究了网络空间中的权力游戏、博弈方式和复杂互动关系，梳理了数字平台以契约化方式进行的制度建设及其法律化过程，探讨了国家取得技术标准、资源分配和规则制定竞争优势地位的基本条件和筹码，讨论了国家网络空间战略和政策在促进网络空间国际竞争方面的作用，对于中国网络空间战略制定、网络空间安全的维护，乃至软实力的提升和数字技术产业的全球市场竞争都具有实际的借鉴意义，尤其在美国不断打压华为、Tik Tok 等中国高新技术企业的当下，这种研究更具现实价值和政策创新性。

---

① ［美］弥尔顿·L. 穆勒：《网络与国家：互联网治理的全球政治学》，周程等译，上海交通大学出版社 2015 年版，第 3—4 页。

第二节　文献回顾

一　国外研究现状

随着互联网的形成和发展，有关互联网治理的议题便已经出现了。然而，伴随着技术的不断演化，这一议题的内涵和外延也在不断拓展，呈现出鲜明的"时代性"特征，由早期关注技术和专业性的互联网治理逐步扩展成为更关注安全、发展和秩序的网络空间治理。与互联网治理实践的发展历史相契合，最早进行互联网治理的是创设和促进互联网发展的研究员、科学家、工程师以及主要由他们组成的组织、机构和私营企业。在实践中，他们对于互联网的治理主要基于"行动的权力"，通过制定标准、控制和分配资源，以及制定各种协议等方式进行，而不是通过政治管理权。因而，在治理理念上，他们更推崇排除政府权力的网络空间自治，① 强调公民社会和私营企业的作用。随着互联网全面渗透进入社会生活，互联网发展过程中的公共议题逐渐浮出水面，强调技术性的互联网治理逐渐演化为强调综合性治理的网络空间治理，政治学研究者也开始关注网络空间治理议题。然而，其研究视角则完全不同于技术专家，他们更加关注网络空间中的资源分配、安全威胁、发展和权力格局等议题，因而更突出国家及其政府在治理中的角色和作用。这两种不同的治理实践和治理理念也深刻影响了对于网络空间治理的后续研究。

总体而言，国外学者对于网络空间治理的研究主要围绕四个方向展开：基本概念界定、治理机制研究、治理主体研究以及治理议题研究。本书文献综述也按照这四个方面展开。

---

① Liv Coleman, "We Reject: Kings, Presidents, and Voting: Internet Community Autonomy in Managing the Growth of the Internet," *Journal of Information Technology & Politics*, Vol. 10, No. 2, 2013, pp. 171 – 189.

（一）对网络空间治理基本含义及相关概念的阐述与区分

文献研究重点是对"互联网治理"和"网络空间治理"概念、内涵及二者关系的界定。20世纪80—90年代是互联网发展的早期，国际社会对于互联网的认知限于"技术"层面，并未当作一个政治问题而进入政治学者的研究议程。① 随着互联网的快速发展，学者们开始意识到互联网治理不仅事关技术，还涉及广泛的公共政策领域。有学者认为，"互联网治理包涵广泛内容，从技术管理到公共政策"②。同时，主张网络开放和自由的思想有很大影响力。1996年，约翰·巴洛（John P. Barlow）发表了《网络空间独立宣言》，宣称网络空间管理不需要政府的参与，完全可以由科学家、学者、技术人员、企业和用户自行管理。③ 戴维·约翰逊（David R. Johnson）和戴维·布斯特（David Post）则将这种思想进一步法理化，认为网络空间是虚拟和现实的结合，不适用基于地理边界的法律治理。④ 劳伦斯·莱斯格（Lawrence Lessig）甚至提出了代码治理的理论，认为网络空间的核心是由计算机代码来创造和维系的，治理也应该由代码来完成。⑤ 此外，不少学者坚持认为，互联网治理虽然会涉及一些公共政策问题，但其本质仍是"互联网技术功能的协调"，其治理的核心包括四个方面：域名、IP地址、根服务器和协议。

互联网治理具有全球治理的显著特点，其突出特征是"在该领域，国家的主权与作用受到了削弱，而非政府的力量得以发挥作用"⑥。为

① 李艳：《网络空间治理的学术研究视角及评述》，《汕头大学学报》（人文社会科学版）2017年第7期。

② 参见李艳《网络空间治理的学术研究视角及评述》，《汕头大学学报》（人文社会科学版）2017年第7期。

③ John Perry Barlow, "A declaration of the Independence of Cyberspace," *New Internationalist*, September 1996, pp. 10 – 11.

④ David R. Johnson and David Post, "Law and Borders: The Rise of Law in Cyberspace," *Stanford Law Review*, Vol. 48, No. 5, May 1996, pp. 1367 – 1402.

⑤ ［美］劳伦斯·莱斯格：《代码2.0：网络空间中的法律》，李旭、沈伟伟译，清华大学出版社2009年版，第273—286页。

⑥ Daniel W. Drezner, "The Global Governance of the Internet: Bringing the State Back In," *Political Science Quarterly*, Vol. 119, No. 3, 2004.

进一步厘清互联网治理的基本概念,消除认识分歧,促进合作,在联合国的推动下,相关方在日内瓦与突尼斯召开了信息社会世界峰会,以推动各利益相关方就"互联网治理"的概念和内涵达成一定的共识。2004 年,互联网治理工作组(WGIG)成立后,进一步推动各国专家学者围绕互联网治理的含义展开了大量讨论。在此期间,大量探讨"互联网治理"基本概念的文章和著作不断涌现,出现了研究互联网治理的一个小高峰。如马克·霍利彻(Marc Holitscher)的《再访互联网治理:分散化思考》①,弥尔顿·L. 穆勒(Milton L. Mueller)等的《厘清互联网治理:在政策层面的定义、原则与规范》②,以及约翰内斯·M. 鲍尔(Johannes M. Bauer)的《互联网治理:理念与首要原则》③ 等。在汇集各方观点的基础上,2005 年,WGIG 在其工作报告中对互联网治理做出了基本界定:"互联网治理是各国政府、私营部门和公民社会根据各自的作用制定和实施的旨在规范互联网发展和使用的共同原则、准则、规则、决策程序和方案。"④ 而托马斯·瑞德(Thomas Rid)在2016 年出版了《机器的崛起——遗失的控制论历史》一书,从控制论的视角解释了网络空间这一概念的起源和发展演变。⑤ 在《互联网治理的全球博弈》⑥ 中,劳拉·德拉迪斯(Laura DeNardis)深入研究了互联网治理的技术架构对地缘政治与全球化的影响,以及全球安全、经济和

① Marc Holitscher, "Internet Governance Revisited: Think Decentralization," February 2004, http://wwwb. itu. int/osg/spu/forum/intgov04/contributions/holitscher-contribution. pdf.

② Milton L. Mueller, John Mathiason and Lee W. McKnight, "Making Sense of 'Internet Governance': Defining Principles and Norms in a Policy Context," http://www. wgig. org/docs/ig-project5. pdf.

③ Johannes M. Bauer, "Internet Governance: Theory and First Principles," https://www. researchgate. net/profile/Johannes_ Bauer3/publication/228800513_ Internet_ Governance_ Theory_ and_ First_ Principles/links/09e4150fee13f84c8a000000. pdf.

④ WGIG, "Back Ground Report," http://www. itu. int/wsis/wgig/docs/wgig-background-report. doc.

⑤ [德] 托马斯·瑞德:《机器崛起:遗失的控制论历史》,王飞跃等译,机械工业出版社 2017 年版。

⑥ [美] 劳拉·德拉迪斯:《互联网治理的全球博弈》,覃庆玲、陈慧慧等译,中国人民大学出版社 2016 年版。

利益格局在受到互联网技术架构影响后的变化。

虽然清晰界定核心概念是研究的起点与基础，许多学者也做了大量的研究工作，但对于"网络空间治理"（Cyberspace Governance）的含义至今还没有认可度较高的界定。"网络空间治理""互联网治理""赛博空间治理""信息技术空间治理"和"数字空间治理"等概念都出现在不同文献中。尤其对于"互联网治理"和"网络空间治理"的使用方面，存在很多混乱的地方。一方面，很多学者虽然使用"互联网治理"的用法，但其研究内容又不仅聚焦于互联网发展与使用相关的技术与政策问题，而是将"互联网治理"这一概念的外延任意扩大，从安全、经济、政治、文化、社会以及军事等综合维度进行分析，使之基本等同于"网络空间治理"。另一方面，斯诺登事件发生之后，"网络空间治理"这一概念出现的频率显著上升，却对于何为"网络空间治理"，它与"互联网治理"之间的共性与差异如何，以及二者之间是一种怎样的逻辑关联与历史演化关系，并没有专业的分析。更为糟糕的是，同一个文献中会交叉混用这两个概念。这就造成这样一种混乱局面，似乎大量文献都在探讨"互联网治理"或"网络空间治理"，但同一概念下，探讨的内容却并不是一回事，无法实现有效对话，或者是在不同概念下，研究内容却又是相似的。因此，到目前为止，这部分研究比较分散甚至杂乱，对于基础概念的争论和分歧还存在，并将会持续很长时间，这会使相关研究无法形成共同的基础和统一的研究框架。[①]

（二）对网络空间治理机制和治理模式的研究

在网络空间治理文献中，这个方向的文献最为丰富，研究也较为深入。这些文献大体可以区分为两种类型，第一种是从宏观理论的视角出发，对网络空间治理机制进行了探讨。比较有代表性的是汉克·史密斯（Hank Smith）和纳内特·S. 勒文森（Nanette S. Levinson）的"互联网

---

① 李艳：《网络空间治理的学术研究视角及评述》，《汕头大学学报》（人文社会科学版）2017 年第 7 期。

治理生态系统"①、约瑟夫·奈（Joseph Nye）的"机制复合体"理论和弥尔顿·L. 穆勒的网络——全球主义模式。勒文森借用生态学中"生态系统"的概念和分析框架，着重研究了互联网治理论坛，他研究的核心问题是，作为一个多利益相关方共同参与的、非正式的、开放的分散机构，互联网治理论坛是如何在相关各方充分互动的基础上，实现有效的信息传递与观念塑造，而这些信息、共识和观念又是如何影响互联网治理政策的。约瑟夫·奈于在《机制复合体与全球网络活动管理》一文中，以其一贯支持的制度自由主义为基础，将环境治理领域中的机制复合体理论应用到网络空间治理中，研究了网络空间治理的七个议题领域，认为网络空间治理不能通过单一机制来实现，而是要建立针对各个议题的不同机制，并将各个机制形成一个机制的复合体，并设置了宽度、组合体、深度、履约度四个变量来分析各个子议题的治理机制建设情况，建立了比较完整的网络空间治理理论框架。② 弥尔顿·L. 穆勒则认为，随着网络空间治理复杂程度不断提高，"网络自治"的理念太不现实，他通过对各个领域、多个案例的研究，指出当前治理方式的不足，认为最佳的治理模式是"网络——全球主义"模式。③

第二种研究视角是从治理实践层面出发，探讨了网络空间治理的机制建设情况和历史进程。一些学者通过对网络空间治理实践过程中所涉及机制的历史发展、组织框架、机构设置和社会环境等各方面的观察，试图梳理出网络空间治理的已有制度，并对其可能的发展与改革进行探讨。比较有代表性的论述及著作有珍妮特·霍夫曼（Jeanette Hofmann）

---

① Nanette S. Levinson and Hank Smith, "The Internet Governance Ecosystem: Assessing Multi-stakeholderism and Change," http://195.130.87.21:8080/dspace/bitstream/123456789/1020/1/The% 20internet% 20governance% 20ecosystem% 20assessing% 20multistakeholderism% 20and% 20change. pdf.

② Joseph Nye, "The Regime Complex for Managing Global Cyber Activities," Global Commission on Internet Governance Paper Series, May 2014, https://www. sbs. ox. ac. uk/cybersecurity-capacity/system/files/GCIG_ Paper_ No12. pdf.

③ [美] 弥尔顿·L. 穆勒：《网络与国家：互联网治理的全球政治学》，周程等译，上海交通大学出版社 2015 年版。

的《互联网治理中的多利益相关方：将虚构付诸实践》①、劳伦斯·B.
索拉姆（Lawrence B. Solum）的《互联网治理模式》②、斯蒂芬·维赫尔
斯特（Stefaan Verhulst）和佐伊·贝尔德（Zoe Baird）的《全球互联网
治理的新模式》③、布兰迪·M. 诺内克（Brandie M. Nonnecke）的《互
联网治理中多利益相关主义的转移效应》④，以及约翰·马斯亚逊
（John Mathiason）、汉斯·克莱恩（Hans Klein）和穆勒的《互联网与全
球治理——新机制的原则与规范》⑤ 等。劳伦斯认为，"互联网治理必
须解决以下核心问题：由谁治理互联网，基于谁的利益治理，通过何种
机制以及出于何种目的治理"，在此基础上，他还提出了"互联网治
理"的五种模式。而沃尔夫冈·科纳沃兹特（Wolfgang Kleinwächter）
和穆勒等人则主要从国际组织与相关进程和"多利益相关方"入手，
观察现有机制的运行状况和发展趋势。沃尔夫冈从信息社会世界峰会的
发展历程入手，审视了网络空间治理的内容及其机制建设，指出网络空
间治理机制应是一个"面向多层多主体的咨询、协调与合作的机制"。⑥
穆勒的《控制根：互联网治理和驯服网络空间》则分析了促使互联网
名称与数字地址分配机构建立的国际政治和经济驱动力。⑦

---

① Jeanette Hofmann, "Multi-stakeholderism in Internet Governance：Putting a Fiction into Prac-
tice," *Journal of Cyber Policy*, Vol. 1, No. 1, 2016, pp. 29 –49.

② Lawrence B. Solum, "Models of Internet Governance," Illinois Public Law Research Paper,
https：//ssrn. com/abstract = 1136825. 9.

③ Zoë Baird and Stefaan Verhulst, "A New Model for Global Internet Governance, Governance
in the 21st Century：The Partnership Principle," Alfred Herrhausen Society for International Dialogue,
2004, http：//www. markle. org/sites/default/files/ahs_ global_ internet_ gov. pdf.

④ Brandie M. Nonnecke, "The Transformative Effects of Multistakeholderism in Internet Govern-
ance：A Case Study of the East Africa Internet Governance Forum," *Telecommunications Policy*,
Vol. 40, No. 4, 2016.

⑤ Milton L. Mueller, J. Mathiason and H. Klein, "The Internet and Global Governance：Princi-
ples and Norms for a New Regime," *Global Governance*, Vol. 13, No. 2, 2007, pp. 237 –254.

⑥ Wolfgang Kleinwachter, "Internet Co-Governance：Towards a Multilayer Multiplayer Mecha-
nism of Consultation, Coordination and Cooperation (M3C3)," *E-Learning and Digital Media*,
Vol. 3, No. 3, 2006, pp. 473 –487.

⑦ Milton L. Mueller, *Ruling the Root：Internet Governance and the Taming of Cyberspace*, Cam-
bridge：MIT Press, 2002.

有关网络空间治理机制的研究文献非常丰富，研究也相对深入，在部分问题上达成了一定共识，但对于如何避免机制的碎片化，实现不同治理机制间的资源整合与协调等问题的研究却很少。随着网络空间对于国家安全的战略意义越来越大，G20 等传统国际平台与机制也开始介入到网络空间的治理问题中，而新形成的网络空间治理机制与这些传统机制间如何实现共存与协调，以避免制度过剩但效力不足的问题，也是重要的研究课题。① 虽然有部分学者意识到了治理机制碎片化的问题，但对机制协调性问题的研究还未跟上，亟须加强。

（三）关于网络空间治理议题的研究

网络空间治理议题复杂多变，各议题之间不仅具有很高的异质性还互相影响。所以，学者们在研究网络空间治理议题时，大都采取了来源于互联网分层协议模型的分层法，也就是通过把网络空间分层，进而区分出存在于不同层的各类治理议题。马丁·李比奇（Murty Libicki）提出的物理、语法、语义（Physical，Syntactic，Semantic）三层理论，布鲁门索·马乔里（Blumenthal Marjory）和大卫·克拉克（David Clark）提出的四层理论②都是通过分层方法分析网络空间治理议题的典型做法。而劳拉·德拉迪斯（Laura De Nardis）和马克·雷蒙德（Mark Raymond）反对将互联网治理视为单一性问题的理论，认为互联网治理应该是多层级的，提出了网络空间治理议题的多层次划分方法。他们把网络空间分解为物理基础层、逻辑协议层、数据和应用层以及行为规范层。这种划分方式最大的特点是，在原有物理、协议、数据和应用等层级基础上增加了行为规范层，更加全面和直观。在综合已有理论的基础上，他们提出要按照互联网传输的 TCP/IP 协议的层级，构建网络空间层级治理的模式，他们依据任务、功能和行为体分别归纳了六个各自不

---

① 李艳：《网络空间治理的学术研究视角及评述》，《汕头大学学报》（人文社会科学版）2017 年第 7 期。

② David Clark, "Characterizing Cyberspace: Past, Present and Future," *MIT CSAIL*, March 12, 2010, pp. 1 – 4.

同的治理模式：标准设定、网络接入、互联网资源控制、信息流动、知识产权保护和网络安全治理等，在这些治理模式当中，不同的行为体可根据自身功能的不同，分别参与其中。①

网络空间是现实空间的映射，现实空间的复杂性决定了网络空间的复杂性，因此，网络空间的治理议题呈现出复杂又彼此交叉影响的特点。虽然学者们都利用分层法试图对此进行研究，然而分层法也存在较大弊端，如缺乏明确的分类标准、对交叉问题难以处理等，导致对治理议题的研究不能更深入具体和细致，也造成了对治理主体和治理议题之间功能和角色的匹配困难。

（四）关于网络空间治理主导力量的争论

在网络的发展和治理过程中，市场力量和非政府组织发挥的作用远比在其他领域大，网络空间治理涉及面又极其广泛，造成网络空间治理中参与的行为主体异常多元。谁是网络空间治理中的"主导力量"之争日趋激烈，并逐渐成为影响网络空间治理机制发展的关键因素。而对于这一问题，国外学者大体存在三种不同的观点。

第一种观点认为国家是网络空间治理的主导力量，网络空间治理中主权正在回归。他们认为，网络空间中的私营部门和公民社会的地位虽越来越重要，但政府仍然是全球重要事务主导行为体的现实并未改变，通过联系性战略，大国仍然可以将现实中的资源与权力优势带入网络空间治理进程，究其实质而言，网络空间治理进程是大国间基于网络技术能力、经济发展能力基础上的网络权力的博弈。约翰·马斯亚逊（John Mathiason）在《互联网治理战争：现实主义的回归》一文中认为，互联网治理争论中"排斥政府"的自由化思想并不符合互联网发展的历史规律，国家之间的权力和利益博弈仍是治理实践的主要构成内容。② 蒂姆·

---

① Laura De Nardis and Mark Raymond, "Thinking Clearly about Multi-stakeholder Internet Governance," Paper Presented at Eighth Annual GigaNet Symposium, October 21, 2013, https://www.phib-etaiota. net/wp-content/uploads/2013/11/Multistakeholder-Internet-Governance. pdf.

② MathiasonJohn, "Internet Governance Wars: The Realists Strike Back," *International Studies Review*, Vol. 9, No. 1, 2010, pp. 152 – 155.

史蒂文（Tim Stevens）和戴维·贝滋（David J. Betz）在《网络和国家：一种网络权战略》一书中提出了网络权力的概念，并将其区分为制度性（Institutional）、结构性（Structural）、强制性（Compulsory）、解释性（Interpretative）四种不同的形态。① 在《谁控制了互联网？无边界世界的幻想》一文中，蒂姆·吴（Tim Wu）与杰克·古德斯密斯（Jack Goldsmith）全面论述了各国政府为争夺互联网治理权所展开的斗争。② 而希尔·理查德（Hill Richard）认为互联网当前的治理机制可以通过增加更传统的治理机制如政府间组织的作用得到改善。③ 在研究网络空间治理的国家博弈过程中，大卫·崔索（David Drissel）等学者提出了美国在网络空间治理体系中的超强主导权。④ 其他一些智库学者对网络安全和权力进行了研究，如亚当·史国力（Adam Segal）、詹姆斯·刘易斯（James Lewis）等人认为，网络空间治理是分配国家在网络空间中利益与权力的过程，美国在网络空间治理中具有主导权和领导权，而多利益相关方的平等参与权并不是他们关注的要点。⑤

第二种观点强调了掌握资源管理与分配权的私营部门以及大型跨国互联网企业等非国家行为体的重要性，提出了网络空间自治论，强调代码在网络空间治理中的重要意义。约翰·马斯亚逊（John Mathiason）在《互联网治理：全球机制新前沿》一书中指出，不同于其他全球治理领域中政府的突出作用，互联网领域具有独特性，是一个非国家行为体发挥着同等甚至更为重要作用的领域。⑥

---

① David J. Betz and Tim Stevens, *Cyberspace and the State：Toward a Strategy and the State*, Routledge：New York, 2011, pp. 42 - 53.

② Jack Goldsmith and Tim Wu, "Who Controls the Internet? Illusions of a Borderless World," *International Studies Review*, Vol. 9, No. 1, 2007, pp. 152 - 155.

③ Hill Richard, "The Internet, its Governance, and the Multi-stakeholder Model," *Info*, Vol. 16, No. 2, 2014, pp. 16 - 46.

④ David Drissel, "Internet Governance in a Multipolar World：Challenging American Hegemony," *Cambridge Review of International Affairs*, Vol. 19, 2006, p. 105 - 120.

⑤ Adam Segal, "Chinese Computer Games：Keeping Safe in Cyberspace," *Foreign Affairs*, March/April 2012, pp. 16 - 17.

⑥ John Mathiason, *Internet Governance：The New Frontier of Global Institutions*, London：Routledge, 2008, pp. 49 - 58.

　　第三种观点则是一个折中方案，强调了各主体之间的平衡。威利·杰森（Willy Jenson）在《互联网治理：保持所有主体间的平衡》中认为，无论是政府还是私营部门，有效的治理需要相关的主体共同参与，但是在特定治理议题中，各主体应该发挥什么样的具体职能与作用，以及应该以技术手段还是以法律手段为主导，却应从务实的角度，具体问题具体分析。① 在《被黑客入侵的世界秩序》一书中，亚当·史国力（Adam Segal）分析了非政府行为体在数字时代对传统上以国家为主导的世界秩序的冲击，探讨了国家在数字时代的斗争和交易。② 马尔科姆·杰瑞米（Malcolm Jeremy）在《多利益相关方治理和互联网治理论坛》一文中，全面分析了多利益相关方治理的理论和实践，认为应该由政府、私营部门和公民社会根据各自的职能分别或者共同来应对互联网治理中出现的问题。③ 珍妮·玛丽（Jean Marie）通过考察 20 世纪 90 年代 ICANN 等互联网治理机制形成过程中各方的互动和合作，研究了多利益相关方原则在促进权力精英合作、大众共识形成中的作用。④

　　（五）关于网络空间私人规制的研究

　　多利益相关方模式是网络空间治理领域中具有较高认可度的治理模式，这一模式高度肯定了私营部门所发挥的治理价值，但对于私营部门为什么以及如何参与具体治理议题的研究还比较分散，主要有以下三个方面：

　　1. 私权威论

　　伴随着跨国公司影响力的国际化，西方国际政治经济学界开始探讨

---

　　① Willy Jenson, "Internet Governance: Striking the Appropriate Balance Between All Stakeholders," http://www.wgig.org/docs/book/Willy_Jensen.pdf.

　　② Adam Segal, *The Hacked World Order: How Nations Fight, Trade, Maneuver, and Manipulate in the Digital Age*, New York: Public Affairs, 2016, pp. 1 – 50.

　　③ Jeremy Malcolm, *Multi-Stakeholder Governance and the Internet Governance Forum*, Australia: Terminus Press, 2008, p. 319.

　　④ Jean-Marie Chenou, "From Cyber-Libertarianism to Neoliberalism: Internet Exceptionalism, Multistakeholderism and the Institutionalizations of Internet Governance in the 1990s," *Globalizations*, Vol. 1, No. 2, 2014, pp. 205 – 223.

私权威（Private Authority）在全球治理中逐渐兴起的问题。他们主要关注的是非政府组织和跨国公司在全球规制、国际标准以及人权、劳工标准等多个领域影响力不断提升，逐步形成了与公权力相对的私权威，并开始独立发挥作用的相关问题。其中以卡特勒·克莱尔（Cutler A. Clair）、弗吉尼亚·哈夫勒（Virginia Haufler）和托尼·波特（Tony Poter）合著的《私权威与国际事务》，罗德尼·布鲁斯·霍尔（Rodney Bruce Hall）和托马斯·比埃尔斯迪克（Thomas J. Biersteker）合著的《全球治理中私权威的兴起》为代表。卡特勒从效能、权力和历史的角度对此问题进行了分析。从效能角度来讲，私权威通过经济、人员和信息的提供减少了治理过程中的交换成本，由此成为全球治理的重要一环；权力角度则更大程度聚焦于私权威在国际政治领域权威的行使及其影响，着重分析了在私权威参与下国际政治权力关系的变化；历史角度以长久以来国际政治和经济背景为研究起点，将宏观的体系性事件和变革与私权威的兴起相联系，重点关注了国际机制、国际政治经济变革和国际技术发展等议题。

2. 代码（算法）治理论

在关于网络空间治理中私营部门参与私人规制的研究方面，这种观点的影响力最大。哈佛大学教授劳伦斯·莱斯格直接将其著作命名为《代码2.0：网络空间中的法律》，其中提出了代码治理的理论，将代码视作网络空间中的法律，认为网络空间是一个完全不同的社会，其核心是由计算机代码来创造和维系的，现实世界主要受法律的规制，而网络世界则主要由代码所规制，它包括构成网络所必需的软件、硬件及网络协议和技术标准。[①] 劳伦斯·B. 索拉姆（Lawrence B. Solum）在其《互联网治理模式》中总结了互联网治理应涵盖的五种模式，其中一种便是编码与互联网架构模式。他认为，基于"代码为王"的认知，许多规则与决策是由通信协议和其他软件做出的，是它们决定着互联网如何

---

① ［美］劳伦斯·莱斯格：《代码2.0：网络空间中的法律》，李旭、沈伟伟译，清华大学出版社2009年版，第273—286页。

运行。①

　　基于代码的互联网技术构造了网络空间的独特结构，结构决定功能，结构也能影响权力分配模式。正是基于此，代码治理论强调了网络空间治理领域中抽象代码的行为和规则塑造功能及作用。但当网络空间在扩展过程中吸纳了越来越多的社会经济活动时，基于市场逻辑和社会逻辑的行动方式和行为策略还能否简单地仅由代码来规制，是这一方观点需要回答的问题。

　　3. 自我规制论

　　在法学和公共管理学领域，学者们很早就关注到了法律和政策的相互作用，自我规制理论随之兴起并蓬勃发展。他们对自我规制的核心本质、分类、原因等基础理论进行了深入研究。抽象意义上的自我规制意味着被规制主体自己设计规制规则，并且自己监督执行这些规则，② 它与其他规制的区别在于规制主体与规制对象的同一性。③ 在这个意义上，自我规制可以理解为一个私人的治理系统，其存在的原因可能是出于市场竞争或者制度供给不完备，④ 而规制者与规制对象的同一使得其掌握了更多的知识与信息，从而可以找到最符合成本有效性要求的解决方案，这也赋予了自我规制的存在以正当性。⑤ 随着互联网的发展，许多法学和传播学的学者也将目光投向了网络空间领域内的自我规制研究，⑥ 他们尤其关注对自我规制体现较为明显的内容控制、域名系统、

---

① Lawrence B. Solum, "Models of Internet Governance," September 3, 2008, https://papers. ssrn. com/sol3/papers. cfm? abstract_ id = 1136825&alg = 1&pos = 1&rec = 1&srcabs = 325362.

② V. Haufler A. , "Public Role for the Private Sector: Industry Self-regulation in a Global Economy," Carnegie Endowment for International Peace, Washington, D. C. , 2001, p. 9.

③ Renée de Nevers, "(Self) Regulating War?: Voluntary Regulation and the Private Security Industry," *Security Studies*, Vol. 18, No. 3, 2009, pp. 479 – 516.

④ William W. Fisher Ⅲ, *Promises to Keep: Technology, Law, and the Future of Entertainment*, California: Stanford University Press, 2004, pp. 83 – 87.

⑤ Neil Gunningham and Joseph Rees, "Industry Self-regulation: An Institutional Perspective," *Law & Policy*, Vol. 19, No. 4, 1997, pp. 363 – 414.

⑥ Donna L. Hoffman, Thomas P. Novak, and Ann E. Schlosser, "Locus of Control, Web Use, and Consumer Attitudes Toward Internet Regulation," *Journal of Public Policy & Marketing*, Vol. 22, No. 1, 2003, pp. 41 – 57.

技术标准以及在线的争议解决机制等的讨论。[1] 有学者就认为互联网本身就是一个自我规制系统，没有任何机构有足够的强权来控制这个系统本身。[2] 随着数字平台影响力的提升，网络交易平台的自我规制也逐渐引起了学者们的关注。他们就消费者评级的有效性、[3] 炒信和算法歧视、网络暴力等问题进行了大量讨论，[4] 认为平台自我规制既体现出高效和专业的优势，也存在规制失灵的局限。

总之，迄今为止，国外对多利益相关方治理模式的研究很多，但在探讨具体主体在特定议题上的治理功能方面，现有研究还缺乏系统性。多利益相关方治理模式是国际社会公认的网络空间第一治理原则，然而，"政府、私营部门与公民社会"等多利益相关方究竟包括哪些行为体，他们之间的互动关系如何，他们之间的各种博弈如何影响实际的治理实践等问题，由于多利益相关方共同参与被当作网络空间治理的基本前提，反而缺乏详细的研究。而现有研究中又出现了对立、割裂的倾向，有的学者将论证相关治理主体发挥主导作用的合理性作为自己的研究内容，如支持"私营部门"应发挥主导作用观点的学者，其研究主要是分析证明私营部门运转的效率与机制；而强调政府发挥主导作用的学者，往往致力于论证政府回归网络空间并发挥主导作用的必要性和价值。这些研究从不同侧面揭示出了各类治理主体的独特作用和重要价值，但没有对各主体之间的力量格局与互动机制进行研究，更缺乏对如何促进各主体之间的协调，以形成有效治理合力的建设性研究视角。[5]

---

[1] Jeanne P. Mifsud Bonnici, *Self-regulation in Cyberspace*, The Hague: T. M. C. Asser Press, 2008, p. 36.

[2] Myriam Dunn, Victor Mauer and Sai Felicia Krishna-Hensel, *Power and Security in the Information Age: Investigating the Role of the State in Cyberspace*, Ashgate Publishing Company, 2008, p. 22.

[3] A. Salvoldelli, G. Misuraca and C. Codagone, "Measuring the Public Value of E-Government: The eGEP 2.0 Model," *Electronic Journal of E-Government*, Vol. 11, No. 1, 2013.

[4] 胡凌：《在线声誉系统：演进与问题》，载胡泳、王俊秀《连接之后：公共空间重建与权力再分配》，中国工信出版集团 2017 年版，第 113 页。

[5] 李艳：《网络空间治理的学术研究视角及评述》，《汕头大学学报》（人文社会科学版）2017 年第 7 期。

正是基于此,本书将把政府、私营部门和公民社会及各类治理议题都当作网络空间中的主要行动者,通过考察它们各自具有的资源、权力以及它们之间的社会网络关系,来研究多主体协同治理的可能性和有效性。

二 国内研究现状

总体上看,不同于国外,国内早期研究主要关注互联网治理,对网络空间治理的学术研究起步较晚,数量较少。2013 年的"棱镜门"事件引起了国际关系研究者对网络空间治理问题的广泛关注,此后研究热度持续走高,出现了许多研究成果,其中一些专著比较有代表性,如唐守廉教授在《互联网及其治理》中,梳理了互联网治理的一些基本议题;① 田作高的《信息革命与世界政治》②、蔡翠虹的《信息网络与国际政治》③ 和刘文富的《网络政治:网络社会与国家治理》④ 等专著,对网络空间治理中涉及的重大问题尤其是互联网及虚拟政治的发展如何影响国家权力、国家主权、国家安全、国家治理和国际政治进程等问题进行了深入和全面的探讨;何精华在《网络空间的政府治理》中,研究了政府在网络空间安全维护、秩序构建与行政管理等方面面临的挑战及其应对;⑤ 杨剑的《数字边疆的权力与财富》将网络空间中权力和资源的属性作为切入点,从国际政治经济学的角度研究了网络空间中的权力结构对资源分配和财富流向的影响;⑥ 鲁传颖在《网络空间治理与多利益攸关方理论》一书中,采用层次分析法对一些重要议题领域的治理机制进行了矩阵式分析,提出了"多利益相关方"网络空间治理理论,并对其进行了检验。⑦ 在平台治理领域,李怡然的《网络平台治

① 唐守廉主编:《互联网及其治理》,北京邮电大学出版社 2008 年版,第 34—46 页。
② 田作高等:《信息革命与世界政治》,商务印书馆 2006 年版,第 77—125 页。
③ 蔡翠虹:《信息网络与国际政治》,学林出版社 2003 年版,第 55—106 页。
④ 刘文富:《网络政治:网络社会与国家治理》,商务印书馆 2002 年版,第 152—162 页。
⑤ 何精华:《网络空间的政府治理》,上海社会科学院出版社 2006 年版,第 68—94 页。
⑥ 杨剑:《数字边疆的权力与财富》,上海人民出版社 2012 年版,第 86—104 页。
⑦ 鲁传颖:《网络空间治理与多利益攸关方理论》,时事出版社 2016 年版,第 76 页。

理：规则的自创生及其运作边界》一书，运用社会系统论的自创生理论对网络平台的规则体系进行了较为详细的解释。① 国务院发展研究中心企业研究所以"数字平台的发展与治理"为题，通过 19 篇报告，重点探讨了推进数字平台监管改革，提升数字平台竞争力等问题。② 而张艳运用规制理论和产业组织理论多维度探讨了中国互联网广告平台的自我规制。③

除著作外，相关学术论文按照研究视角可以分为以下几类：

（一）关于网络空间治理的现状和中国参与治理的路径研究

国内学者在研究网络空间治理时，大多站在中国的视角，并以介绍和分析国内外现状与动态为主，如王艳的《中国参与互联网全球治理的路径分析》④、丛培影和黄日涵的《网络空间冲突的治理困境与路径选择》⑤、沈逸的《后斯诺登时代的全球网络空间治理》⑥、邹军的《全球互联网治理：未来趋势与中国议题》⑦、檀有志的《网络空间全球治理：国际情势与中国路径》⑧、蔡翠红的《网络空间治理的大国责任刍议》⑨、唐润华和李志的《全球网络空间治理的新路径：联合国"双轨制"平台及中国参与》⑩、郭美蓉的《网络空间治理中的国际法路径》⑪

---

① 李怡然：《网络平台治理：规则的自创生及其运作边界》，上海人民出版社 2021 年版，第 67—94 页。

② 国务院发展研究中心企业研究所：《数字平台的发展与治理》，中国发展出版社 2023 年版，第 1—10 页。

③ 张艳：《中国互联网广告行业自我规制研究》，人民出版社 2021 年版，第 20—65 页。

④ 王艳：《中国参与互联网全球治理的路径分析》，《国外理论动态》2016 年第 9 期。

⑤ 丛培影、黄日涵：《网络空间冲突的治理困境与路径选择》，《国际展望》2016 年第 1 期。

⑥ 沈逸：《后斯诺登时代的全球网络空间治理》，《世界经济与政治》2014 年第 5 期。

⑦ 邹军：《全球互联网治理：未来趋势与中国议题》，《新闻与传播研究》2016 年第 S1 期。

⑧ 檀有志：《网络空间全球治理：国际情势与中国路径》，《世界经济与政治》2013 年第 12 期。

⑨ 蔡翠红：《网络空间治理的大国责任刍议》，《当代世界与社会主义》2015 年第 1 期。

⑩ 唐润华、李志：《全球网络空间治理的新路径：联合国"双轨制"平台及中国参与》，《未来传播》2022 年第 3 期。

⑪ 郭美蓉：《网络空间治理中的国际法路径》，《信息安全与通信保密》2019 年第 5 期。

等。部分学者基本形成了对于网络空间治理现状的一些共识，认为当前网络空间的治理仍处于一种合作高度缺失的国际无政府状态，已有的治理模式维护了旧有的权力结构，各种国际行为体占有的资源与拥有的能力处于不对称状态，基于自身的利益考量与目标诉求，它们各自为政，国家政府与多元治理主体之间、"网络发达国家"与"网络新兴国家"之间、不同的治理机制之间都存在分歧和博弈，数据主权的重要性日趋凸显，基于数据主权的实力竞争，已经成为当下国家间竞争的最前沿，等等。

对于中国参与网络空间治理的角色和路径，大部分学者承认积极承担合理治理责任的价值，如蔡翠红认为，在促进网络空间繁荣与维护网络空间安全方面，中国的发展态势决定了中国应该具有大国意识，承担大国责任。由于利益、能力和治理效果方面的优势，网络大国应承担比网络小国及其他行为体更多的责任。网络空间治理大国责任包含三个递进的层次，即基础责任、有限责任和领导责任。其他学者则提出，中国需要掌握网络空间治理的全面情况，并形成与之匹配的整体性战略，积极倡导建立多边、民主、透明的全球治理体系，探索并确立符合时代发展方向和需求的网络空间治理新秩序。

（二）关于网络空间治理中国家主权的研究

相较于美国学界和政策界将网络空间视为全球公域的观点，中国学者更认可网络主权的价值和意义。如张新宝和许可在《网络空间主权的治理模式及其制度构建》中认为，网络空间主权已经成为我国处理网络事务的根本指针和制度基石，国家主权既要坚持对网络空间的适用性，也要根据全球网络空间"互动、互通和互联"的特性而不断调整。① 刘晗、沈逸和时飞等学者也持类似观点，他们提出网络空间处于不对称状态，基于网络主权的能力竞争已经成为当下国家间能力竞争的最前

---

① 张新宝、许可：《网络空间主权的治理模式及其制度构建》，《中国社会科学》2016 年第 8 期。

沿，① 互联网的治理目标与规则，既应考虑网络的互联互通属性及其共享意义，也应考虑其对现实社会和经济发展、国家公共安全以及文化价值观的影响，纯粹的网络自由主义思想会危及国家的安全和利益，而现实主义的国家间政治博弈也会损害个体和组织的网络权利和自由，② 网络空间必须在政治控制和自由之间寻求一个平衡点。③ 也有学者专门研究了数据主权，比较有代表性的如孙南翔和张晓君的《论数据主权——基于虚拟空间博弈与合作的考察》，他们考察了各国对数据及相关技术设施服务商进行主权管辖的理论基础，认为国家间的自发博弈形成了多重管辖权冲突和国家安全困境的无秩序状态，而要破解无秩序困境，国际社会应回归数据主权的合作参与性。④

国内学者们反思了流行的网络空间公域论和自治论，批判了其具有的理想主义色彩，从网络主权出发，提供了在新形势下重新界定网络与主权之间复杂互动关系的视角。然而，仅仅强调网络主权的重要性远远不够，如何在学理上进一步论证网络主权的合法性、合理性和实施路径是更为重要的任务。

（三）关于网络空间安全治理的研究

随着我国《国家网络空间安全战略》的发布，以及网络空间安全被设为一级学科，网络空间安全治理成为近几年国内研究的热点领域。然而，国内学术界对网络安全、网络空间安全并未作严格区分，两者混用使人们对两者的概念理解和实践应用产生了一定程度的误解，也使该领域的学术规范与实践应用产生了不确定性。⑤ 较早把网络安全与国家

① 沈逸：《网络主权与全球网络空间治理》，《复旦国际关系评论》2015 年第 2 期。

② 刘晗：《域名系统、网络主权与互联网治理历史反思及其当代启示》，《中外法学》2016 年第 2 期。

③ 时飞：《网络空间的政治架构——评劳伦斯·莱斯格〈代码及网络空间的其他法律〉》，《北大法律评论》2008 年第 1 期。

④ 孙南翔、张晓君：《论数据主权——基于虚拟空间博弈与合作的考察》，《太平洋学报》2015 年第 2 期。

⑤ 王世伟：《论信息安全、网络安全、网络空间安全》，《中国图书馆学报》2015 年第 2 期。

安全联系在一起的学者是胡键，他从安全范式、战争范式、安全主体和安全威胁等方面分析了网络时代国家安全范式的转变，重点分析了中国面临的安全威胁。① 唐克超比较深入地阐释了网络时代的国家安全问题，指出网络对国家主权、政治、经济、军事和文化都产生了深刻的影响。② 蔡文之则从互联网对权力的影响方面进行了分析，认为网络既是权力源也是威胁源。③ 这些研究虽然关注到了网络和安全之间紧密的关系，但还仅仅是将网络作为一个外生的影响因素来看待，而没有认识到网络安全本身的战略意义。此后的网络安全以及网络空间安全研究进一步深入和细化，从各种视角进行了全面的研究。

第一种视角以大量案例为基础，强调了网络空间安全形势的严峻性和治理的必要性，如刘建伟通过回顾网络安全议题在国内和国际两个层面的兴起进程，认为恐惧和权力是影响全球网络安全议题兴起的两大因素。④

第二种视角集中介绍了以美国为主的国外网络空间安全战略、制度和政策等重要框架下的具体治理举措，阐释了国外网络空间安全实现的前提、有效途径及特征，为我国提高网络空间安全保障能力提供了实践借鉴。其中，有的文献从宏观上解读并剖析了美国网络空间安全战略的演进、内容、本质、特点及影响，如刘勃然和黄凤志在分析《美国网络空间国际战略》制定背景的基础上，对其宗旨和意义做了深入的分析；⑤ 蔡翠红总结了美国网络空间安全战略的总体特点，并分析指出该战略特点对美国自身、国际层面以及中美关系的影响。⑥ 而有的文献在关注美国网络空间安全治理宏观政策解读的同时，也关注了微观举措解

---

① 胡键：《网络时代的国家安全》，《教学与研究》2002 年第 9 期。

② 唐克超：《网络时代的国家安全利益分析》，《现代国际关系》2008 年第 6 期。

③ 蔡文之：《网络：21 世纪的权力与挑战》，上海人民出版社 2007 年版，第 91 页。

④ 刘建伟：《恐惧、权力与全球网络安全议题的兴起》，《世界经济与政治》2013 年第 12 期。

⑤ 刘勃然、黄凤志：《美国〈网络空间国际战略〉评析》，《东北亚论坛》2012 年第 3 期。

⑥ 蔡翠红：《美国网络空间先发制人战略的构建及其影响》，《国际问题研究》2014 年第 1 期。

析，如美国网络空间安全治理政策的主要内容和特点，^① 各总统上任后美国网络空间安全政策的变化及其动机，^② 美国核心信息安全部门的组织架构与管理模式，^③ 以及美国网络空间安全审查体系等。^④

第三种研究视角是从多方面对我国网络空间安全治理提出了对策建议。有的文献侧重于"治"，基于某个视角如权力结构、军民融合和伦理道德，针对我国网络空间安全治理提出了一般性策略^⑤；有的研究则侧重于"防"，基于安全防护的角度，探讨了网络空间安全的防卫。^⑥

第四种研究视角关注了网络空间安全治理的国际合作、博弈与机制建设。其中，有的文献研究了国际网络安全合作的困境与出路^⑦及其对中国的启示，^⑧ 有的则以大数据作为时代背景，研究了网络安全治理的议题领域与权力博弈，强调在治理过程中需要注意提升国家参与网络空间治理的技术性权力、解释性权力和制度性权力。^⑨ 在机制建设方面，鲁传颖以美国大选"黑客门"为例分析了网络空间安全出现的三大趋势：网络安全态势从分散到融合、网络安全态势从等级化到非对称、网络空间从权力扩散向网络赋权，并强调了国际社会需要采取务实举措，推进平等参与的综合性机制框架建设来共同应对上述挑战。^⑩

---

① 吕晶华：《奥巴马政府网络空间安全政策述评》，《国际观察》2012 年第 2 期。

② 任彦妍、房乐宪：《奥巴马网络安全政策及对中国的基本含义》，《和平与发展》2015 年第 1 期。

③ 李梅梅、孙德刚：《论美国高安全等级信息系统与网络防护》，《北京电子科技学院学报》2016 年第 3 期。

④ 黄丹、刘京娟：《美国网络安全审查机制研究》，《保密科学技术》2017 年第 2 期。

⑤ 刘杨钺：《军民融合视角下的网络空间安全及其治理》，《社科纵横》2016 年第5 期。

⑥ 张艳：《两种安全准则视域下的网络安全防卫权》，《南京政治学院学报》2016 年第 1 期。

⑦ 蒋丽、张小兰、徐飞彪：《国际网络安全合作的困境与出路》，《现代国际关系》2013 年第 9 期。

⑧ 丛培影：《国际网络安全合作及对中国的启示》，《广东外语外贸大学学报》2012 年第 4 期。

⑨ 任琳、吕欣：《大数据时代的网络安全治理：议题领域与权力博弈》，《国际观察》2017 年第 1 期。

⑩ 鲁传颖：《国际政治视角下的网络安全治理困境与机制构建——以美国大选"黑客门"为例》，《国际展望》2017 年第 4 期。

（四）关于网络空间国际机制和国际秩序的研究

基于国际制度的研究成果，国内网络空间国际机制的研究成果比较丰富和深入。从网络空间国际治理机制的演变过程着手，大量文献回顾和梳理了网络空间治理机制从最初的个人管理方式，到互联网名称与数字地址分配机构（ICANN）等组织的建立，再到互联网治理论坛等新机制的发展历程，指出了网络空间治理在主体间、机制间和规范间存在的主要矛盾以及由这些矛盾导致的网络空间治理机制有效性和合法性不足的问题。① 也有学者对现存的网络空间治理制度进行了理论化的研究，指出既有网络空间治理制度不仅存在制度设计合法性和代表性不足、机制落实能力有限、机制运作巴尔干化和碎片化等问题，更体现了发达国家与新兴国家的网络治理制度理念的根本性冲突，导致了严重的机制困境和治理失灵，难以有效解决日益凸显的政治关切及公共秩序问题。② 此外，有学者认为，由于美欧阵营与新兴阵营间存在着严重的制度对立，在网络空间秩序转型的关键时期，既有制度改革和新制度的创建都很重要。③ 郎平研究员认为，网络空间治理秩序的形成主要基于制度平台的选择、价值观以及规则制定的博弈，而民族国家之间以及国家与私营部门和公民社会的力量博弈决定了秩序形成的历史进程。④ 网络空间治理具有多元化、多层次和多主体的特性，因而其治理模式应该将"多边主义"与"多利益相关方模式"结合起来。⑤ 而张晓君等学者认为网络空间治理的模式和路径仍处在初期的探索过程中，界定网络空间的属性是解决网络空间治理机制建设的基础和前提，网络空间是既有国内私域属性，又有全球公域属性的混合场域，因而，对网络空间的治理应该在明确国家网络主权的基础性作用的前提下，通过对这两种属性的

① 刘杨钺：《全球网络治理机制：演变、冲突与前景》，《国际论坛》2012 年第 1 期。
② 王明国：《网络空间治理的制度困境与新兴国家的突破路径》，《国际展望》2015 年第 6 期。
③ 王明国：《网络空间秩序转型的国际制度基础》，《全球传媒学刊》2016 年第 4 期。
④ 郎平：《网络空间国际秩序的形成机制》，《国际政治科学》2018 年第 1 期。
⑤ 郎平：《网络空间国际治理机制的比较与应对》，《战略决策研究》2018 年第 2 期。

不同界定和研究，分别实施有针对性的规则与制度。① 沈逸的《能力、等级与秩序：全球网络空间信息秩序研究——基于国际秩序的研究视角》② 一文则以联合国框架下有关信息传播新秩序的争论和围绕全球网络空间域名管理结构的争论作为典型案例，透视了全球网络空间里由能力和等级共同决定的秩序结构。

（五）对治理主体之间互动关系的研究

在网络空间治理中，治理主体及其互动关系是治理目标能否实现的关键变量。然而，力争网络空间自治和呼吁国家影响力回归的争论始终存在，相比起国外学者和从业者在这一问题上更偏向两级对立的观点，国内学者更倾向于支持网络空间治理中国家政府的影响力和价值，他们认为在互联网商业化背景下，互联网应用范围的迅速扩大引发了大量公共问题，以"去国家化"为核心的互联网自治模式失灵，因而需要国家积极干预和应对，而且国家也具备干预和应对的意愿和能力，互联网的安全化也为国家采取非常措施来应对网络安全威胁提供了合法性。③ 在政府、私营部门和公民社会等行为体之间的相互竞争和博弈中，政府和政府间国际组织在网络空间治理中的价值日益凸显。④ 与此同时，也有学者研究发现，网络空间中国际政治的传统逻辑和要素都发生了变化，单纯强调国家治理作用的思维难以适应不断发展变化的网络空间。比如蔡翠红认为，互联网改变了人们的思维方式和身份认同，国际社会除了基于国界的民族国家，还出现了基于认同的共同体，传统上，民族国家是主要的政治忠诚对象，数字时代其地位被显著弱化了，网络社会

---

① 张晓君：《网络空间国际治理的困境与出路——基于全球混合场域治理机制之构建》，《法学评论》2015 年第 4 期。

② 沈逸：《能力、等级与秩序：全球网络空间信息秩序研究——基于国际秩序的研究视角》，《复旦国际关系评论》2014 年第 1 期；蔡翠红：《国家—市场—社会互动中网络空间的全球治理》，《世界经济与政治》2013 年第 9 期。

③ 刘建伟：《国家"归来"：自治失灵、安全化与互联网治理》，《世界经济与政治》2015 年第 7 期。

④ 鲁传颖：《网络空间治理的力量博弈、理念演变与中国战略》，《国际展望》2016 年第 1 期。

组织的"中介化协同"作用在媒介、政府与公民之间日趋加强,[1] 国家、市场和公民社会等各种行为体的影响力有了新的平衡状态。[2] 由于网络空间出现的"权力流散"和利益竞争,各种行为体在国家、市场和社会互动中出现了分化和组合,网络空间中出现了不同的阵营:身份共同体、利益共同体、风险共同体和竞争共同体。[3] 在这种分化和组合的背景下,国际公民社会组织、政府间组织和私营部门实现优势互补,资源共享,形成约束力各不相同的网络规范,实现二元共治[4]或多元治理[5]的理念得到了很多学者的认可。二元共治主要指以技术编码和自治伦理为主的技术治理以及以国家为核心的法律治理,而多元共治则是包含社会力量的"多利益相关方"治理。郎平研究员认为,"多利益相关方"治理契合了互联网治理的复杂多元特性和发展趋势,是当前网络空间治理的大势所趋,超越了模式之争。"多利益相关方"是一种治理理念,而不是具体的解决方案,[6] 在实践中,根据议题的不同,它可以有多种表现形式,各利益相关方依据其行为体特性,发挥不同的作用。[7]

三 国内外研究现状总体评述

整体而言,以上国内外研究成果为本书研究提供了非常丰富的参考资料和有益的启示,但现有研究也存在一些可以进一步提升和细化的

---

① 原平方、孙姝怡:《"中介化协同":网络社会组织参与网络空间治理的机制分析》,《教育传媒研究》2021 年第 5 期。

② 蔡翠红:《国际关系中的网络政治及其治理困境》,《世界经济与政治》2011 年第 5 期。

③ 蔡翠红:《国家—市场—社会互动中网络空间的全球治理》,《世界经济与政治》2013 年第 9 期。

④ 郑智航:《网络社会法律治理与技术治理的二元共治》,《中国法学》2018 年第 2 期。

⑤ 肖莹莹:《网络安全治理:全球公共产品理论的视角》,《深圳大学学报》(人文社会科学版)2015 年第 1 期。

⑥ 郎平:《"多利益相关方"的概念、解读与评价》,《汕头大学学报》(人文社会科学版)2017 年第 9 期。

⑦ 郎平:《从全球治理视角解读互联网治理"多利益相关方"框架》,《现代国际关系》2017 年第 4 期。

空间。

网络空间治理问题在我国学术界日益受到重视，对网络空间安全治理、网络主权等主题的密集研究反映了学术界对实践层面需求的关注和反应。然而，国内网络空间治理的研究还处于起步阶段，研究视角宏大且分散，基本概念不清，缺乏清晰的研究框架和脉络。已有文献多从宏观抽象视角探讨了网络空间治理的机制和政策问题，并没有清晰界定互联网治理和网络空间治理的联系和区别。因受到学科背景的限制，也没有结合网络空间的技术特点深入而具体地研究不同的治理议题所具有的特点和与之相匹配的最优治理结构。在网络空间安全保障的任务已由单极的政府职能转变为多级的社会角色责任[①]的情境下，研究者们虽然对多利益相关方治理模式和多边治理模式进行了大量描述性研究，但对于多利益相关方具体包含的对象及其相互关系，以及各方的角色和治理效能等方面的研究亟待深入。

网络空间有效治理的实现不仅依托宏观国家层面出台的各种政策与举措，社会多元主体如私营企业的参与式治理同样值得关注。[②] 通过对国内外文献的梳理可以发现，虽然国外的研究相对成体系，而国内的研究视角相对分散，但都对网络空间中治理主体及其之间的力量博弈进行了大量研究，并大都将多利益相关方共同参与的协作治理模式作为网络空间治理的有效路径和未来趋势。确实，鉴于网络空间的不断变化性和复杂性，如果着眼于单一维度的治理，其治理效果一定不佳，"立体多维"的治理模式才能应对具有复杂系统特性的网络空间治理。"立体多维"的治理模式包括政府、私营部门和公民社会等多元的治理主体，以及国际、区域、国家和地方等多层的治理结构和多样的治理议题。如此，多边治理模式和多利益相关方模式都是"立体治理"的组

---

① 刘崇瑞、孙宝云：《国内社科领域的网络空间安全研究综述：主题元分析的视角》，《情报杂志》2018 年第 7 期。

② Jansen J. and Van Schaik P．，"Understanding Precautionary Online Behavioral Intentions：A Comparison of Three Models，" in N. Clarke and S. Furnell eds．，*Tenth International Symposium on The Human Aspects of Information Security and Assurance*，HAISA，2016，pp. 1 – 10.

成部分，① 模式之争就可以被超越。然而，在"立体多维"的治理中，多元的主体到底包含哪些行为主体？他们各自的优势和治理效能如何？他们之间如何互动而形成多层的治理结构？不同的治理结构又如何与多样的治理议题相匹配进而以最优成本实现最优治理？这些是现有文献还没有深入和细化研究的问题，本书将尝试以行动者网络构建的理论视角回答以上这些问题。

此外，学者们对于网络空间治理主导力量的争论有助于我们理解不同主体的独特优势及相互之间的权力博弈和利益争夺。而私人规制的研究进一步将私主体作为研究对象，深化了人们对私主体尤其是跨国公司以代码和其他手段进行的自我规制和社会规制的理解。但是，既有文献分析依然是建立在国家 VS 平台企业这个隐含的二元划分基础之上的，且仅将数字平台视为一个交易或传播工具，这个框架虽然适用于分析工业时代跨国公司的权力结构及其外部关系，但无法准确把握实际上已经具有某种"国家能力"的平台企业的本质。而且，以上研究偏于抽象和笼统，大多集中于研究各种非国家行为体是如何通过影响国家或相关国际机构发挥作用的，而对其以独立的方式创建并实施各种规则，进而进行公共形式的治理功能提及较少，更没有关注到具体的私主体及其实施的私人规制发挥作用的关键优势和行为策略，尤其是数字平台影响力不断渗透到社会生活各个领域的当下，已有研究并没有从国际政治经济学的视角关注数字平台在治理中既进行自我规制又进行社会规制的独特角色，而现有研究中又出现了对立、割裂的倾向，有的学者将论证相关治理主体和特定治理手段发挥主导作用的合理性作为自己的研究重点方向和内容。正是基于此，本书不拘泥于讨论哪个主体应该占主导地位，而是将研究更推进一步，将关注点放在研究单个治理主体，即数字平台在网络空间治理中的独特角色及其局限，并重点研究数字平台实施私人规制的合法性及两种主要路径：技术规训和制度建构，推动研究走向深

---

① 徐龙第：《网络空间国际规范：效用、类型与前景》，《中国信息安全》2018 年第 2 期。

入和具体。

网络空间治理是一个跨学科、跨领域的新研究领域。在国际关系学界，以全球治理的视角对其展开研究也是在"斯诺登事件"后才大规模开始的，因而，目前的国际关系学界对网络空间本身还缺乏深入的认知，对其进行治理的理论范式也只是存在一个多利益相关方参与的粗浅认知。因此，本书的研究和相关的理论构建也只能是初步和浅显的尝试。首先，网络空间是对现实空间的映射，同时还存在与现实空间不同的特性，其治理议题涉及从政治、社会到技术的多个领域，虽然本书借鉴已有研究方式，将网络空间的治理议题分为四个层次，但这种划分方式仍存在一些弊端，有待进一步的完善和优化，比如标准有待进一步细化，各议题之间的相互影响需进一步区分等，特别是随着网络技术进一步向现实社会渗透，线上线下的融合会进一步加速，这种分层方式将会面临更大的挑战。其次，本研究虽按照多利益相关方治理模式，将治理主体分为政府、私营部门和公民社会三种类型，但这种区分也很粗略，因为各国政府、各跨国公司以及不同非政府组织因实力和利益相关度不同，对网络空间的治理影响是不同的。本书为了便于分析，未进一步探讨各类治理主体内部的差异及其不同影响。最后，在将治理主体之间的博弈互动关系及其形成的网络结构转化为协同治理的机制方面，虽然提出了关系压力和网络结构压力的转化机制，但还需要进一步深入的分析，这将是以后研究要进行的重要工作。

第三节　基本概念辨析及界定

人类科技在 21 世纪有了日新月异的大变化，信息和知识逐渐成为社会经济生活中最为重要的角色，人类的生产方式、思维方式和生活方式经历了巨大变革，一个全新的结构和人类生存空间——网络空间逐渐成形，并在不断地吸纳着现实社会的各种活动，对学术研究而言，这是一个新的重大历史现象。最近十几年以来，很多学者已经敏锐地关注到了网络空间的崛起对人类政治生活的影响，对其内涵做了很多探索性的研究。本章在梳理前人研究成果的基础上，对网络空间做一个综合性的描述和界定，以作为全书研究的起点和基础。

一　网络空间的含义、属性及其社会技术基础

（一）网络空间概念的起源与变迁

1. 网络和互联网

信息网络技术，尤其是互联网技术是网络空间形成和发展的前提基础，因此，在探讨网络空间之前，有必要首先界定清楚"网络"和"互联网"的概念。

（1）网络

网络一词有多种含义，广泛使用于各种领域中，涵盖了信息科学、数学、物理、社会学、生物学、经济学和政治学等学科中的社交网络、信息网络、传播网络、生物网络、神经网络、电路网络、组织网络等十几个领域。一般而言，网络由节点和连线组成，表示诸多对象及其之间的相互联系，但在不同使用场景中有不同的含义，可以指网状的东西，也可以指由许多互相交错的分支组成的系统，较为常用的意义主要有三种：首先是指网状的东西；其次是从人类社会发展的角度去界定的各种抽象意义上的"网络"，如城市网络、传播网络、由有关联的个体组成的人际网络、社会网络、政治网络等，以及流量网络（Flow Network），一般用来指管道系统网络、交通系统网络、电网等；最后是技术维度上的网络，指的是由若干设备组成的，用来使信号按一定要求传输的电路。在数字信息领域，网络还指"三网"：电信网络、有线电视网络和计算机网络（Computer Network）。可见，广义的网络指的是一组相互连接的节点（Nodes）[1]，不仅包括信息技术意义上的"网络"，还包括观

---

[1]　［美］曼纽尔·卡斯特：《网络社会的崛起》，夏铸九、王志弘等译，社会科学文献出版社2001年版，第570页。

念、经济、交通、文化和社会等含义上的"网络"。尽管网络的含义很广，但是本书将在比较狭义的基础上使用这一概念，主要关注网络与数字信息技术关联的含义，特指和互联网相联系的数字设备网络，它是用通信线路和通信设备将分布在不同地点的多台有独立功能的计算机或其他智能终端互相连接起来，按照共同的网络协议，共享硬件、软件，最终实现资源共享的系统，是人类社会系统中最复杂的网络形态之一。这里的计算机网络包括了计算机的互联网络、智能移动终端的移动互联网和万物互联的物联网。随着网络与新媒体终端技术的发展，网络所连接的终端不再局限于计算机，上网终端会不断地扩展，网络正从互联网向移动互联网、物联网扩展。

简单而言，将相关设备经由一定的软硬件连接起来以达到信息资源共享目的的系统，就是计算机网络。[①]在计算机网络中，数据主要通过TCP/IP协议族传输，其中的两个核心协议是传输控制协议TCP（Transmission Control Protocol）和网际协议IP（Internet Protocol）。TCP/IP提供端到端的链接机制，将数据应该如何定址、封装、路由、传输以及在目的地如何接收，都进行了标准化。TCP协议主要用于传输层，用于端口到端口之间数据格式的传输控制。依照TCP协议，在数据传送之前先将它们分割为数据包，每个包的首部有目的地址，然后经由不同的路径，通过路由器将这些数据包发送到目的地，在它们到达的时候再将它们根据每个数据包首部的序数重组。IP协议主要用于网络层不同主机间数据包的封装，是一种数据标记的手段，它给联网的每一个设备分配了一个唯一的数字地址，使计算机网络实现了互联互通，成为统一的网络。只要遵照TCP/IP协议，不管用户使用什么类型的硬件设备，其数据和信息都能自由传输，并完整、安全地到达目的地。因此，通过复杂的过程，计算机网络的技术架构要达到的目的就是通过一致、开放的协议，实现互联和互通的资源共享。

---

① 夏燕：《网络空间的法理分析》，博士学位论文，西南政法大学，2010 年。

（2）互联网

在日常生活中，很多情形下人们会把互联网和网络混用，甚至将二者等同起来。事实上，网络有更广泛的使用范围和含义，而人们常提到的互联网是指网络与网络之间串联所形成的逻辑上单一的国际互联网Internet，它是基于 TCP/IP 等通用标准传输协议实现终端设备之间数据通信功能的网络。互联网内还有诸多不同规模的子网，如局域网、城域网和广域网等。伴随"互联网"经常出现的还有"因特网"和"万维网"等概念，其实三者之间是有很大区别的。无论基于何种通信技术，凡是能彼此通信的设备组成的网络就叫互联网，而因特网是国际上最大的互联网，特指使用 TCP/IP 协议让众多设备彼此通信的网络。TCP/IP协议由很多种协议组成，不同类型的协议又被使用在不同的层面，其中，位于应用层的协议就有很多，比如 SMTP、FTP、HTTP 等，只要应用层使用的是 HTTP 协议，就称为万维网（World Wide Web），它通过因特网访问网络。因此，这三者之间从大到小的关系是：互联网包含因特网，因特网包含万维网，万维网是因特网的一项服务，而因特网是互联网的一种。

2. 网络空间

（1）网络空间的技术性

网络信息技术与传统的技术有着实质不同，传统技术只是拓展了现实空间中人的能力，而没有创建一个新的空间，而网络信息技术则催生了一个新的虚拟空间。故此，在信息网络技术和社会的复杂互动中形成的网络空间对人类而言是个极其复杂的新生事物，使得我们在学理上难以简单地定义它。而就世界范围来看，无论是信息技术领域还是社会科学领域，对网络空间的认识还在不断发展变化中，最早的研究者认为网络空间就是电脑空间，甚至认为网络空间就是由互联网组成的网。随着认识的不断深入，其内涵和外延也在不断拓展。网络空间既是一系列信息网络技术，同时也是网络空间行动者与这些技术互动后的外在表现形式，它包括两个方面的内涵：其一，从技术意义上看，网络空间是数字化信息流动的空间；其二，从社会意义上看，网络空间是文化交往的空间。①

"网络空间"（Cyberspace）是与"互联网"的发展相伴而生的一个概念，它的形成有赖于互联网的发展和不断扩展。1984 年，网络空间这一词首次出现时，带有强烈的科幻色彩。美国作家威廉·吉布森（William Gibson）在其小说《神经漫游者》（Necromancer）② 中提出，网络空间是指电子信息设备与人体神经网络系统相连接后所产生的一种虚拟想象空间。这一概念虽然基于小说家的想象，却准确预言了 20 世纪 90 年代以后的网络世界：到那时，科学技术将无比先进，全球网络无所不在，人们之间的接触、互动和沟通将完全在电子化的网络世界中进行，③ 时间和空间的物理限制在很大程度上被打破，数据取代石油成为网络空间中最核心的资源，掌控信息和数据的主体将会拥有控制和营销世界的实力。思想家 30 年前的想象是如今的现实，而我们已经见证了这个想象的虚拟世界及其带来的人类社会变革。

Cyberspace 一词，除了译为网络空间，也被译为电脑空间、赛博空间、信息技术空间等，其由 Cybernetics 和 space 两个词组成。美国数学家诺伯特·维纳（Norbert Wiener）首先在 1961 年提出 Cybernetics 这个词，原意是指"关于在动物和机器中控制和通讯的科学"④，其中突出了控制和通信的含义，而在中文翻译中则更强调控制的意义。受到 Cybernetics 的影响，当吉布森提出 Cyberspace 时，把人与信息设备的通信及其所产生的虚拟空间的意义构建了出来。因而，在技术意义上来说，网络空间主要由节点、传输通道和信息所组成。其中，不断流动的、以

---

① 曾国屏等：《赛博空间的哲学探索》，清华大学出版社 2002 年版，第 4—14 页。

② ［美］威廉·吉布森：《神经漫游者》，Denovo 译，江苏凤凰文艺出版社 2013 年版，第 60—70 页。

③ Michael E. Doherty, "Marshall McLuhan Meets William Gibson in Cyberspace," *CMC Magazine*, September 1, 1995, p. 4.

④ ［美］诺伯特·维纳：《控制论：或关于在动物和机器中控制和通讯的科学》，郝季仁译，京华出版社 2000 年版，第 87—123 页。

二进制数字化形式表现的信息是网络空间的灵魂，信息是动态的，决定着网络空间的规模。"节点"是网络之间的终端，包括基本网络服务提供者和分散的网络用户，而"传输通道"则发挥着纽带和桥梁的作用，连接起各个节点，实际上就是连接终端之间的物理设施和逻辑层，主要包括信息物理设施，诸如电缆、交换机、路由器和服务器等，以及互联网传输和通信协议。

牛津大辞典将网络空间定义为"通过电脑网络进行交流的虚拟环境"。学者霍华德·莱恩戈德（Howard Rheingold）认为，网络空间是一个由计算机技术建立起来的多维全球网络，由数据和信息建构。① 基于这种认识，国际电信联盟（ITU）将网络空间定义为"由以下所有或部分要素创建或组成的物理或非物理的领域，这些要素包括计算机、计算机系统、网络及其软件支持、计算机数据、内容数据、流量数据以及用户"②。它涵盖了用户、物理和逻辑三个层面的构成要素。③ 该定义明确指出了网络空间包括物理基础设施和"数字化活动"两部分内容。所谓"数字化活动"主要是信息内容的创建、传输和处理过程，以及在基础设施建构的公共环境中实施的一切行为。根据此定义，本书把信息技术意义上的网络空间界定为由互联的终端构成的处理信息以及信息流动的载体和场所，是全球相互连接的数字信息和通信基础设施。网络空间是"一种由计算机生成的世界"，"是一种人工的世界，一个由我们的系统所产生的信息和我们反馈到系统中去的信息所构成的世界。"④

（2）网络空间的社会性

虽然网络空间形成的物质基础是信息网络技术及物理基础设施，但现代网络技术下的网络空间已经高度社会化，侧重技术化的表述已经难

---

① Miehael Benedikt, *Cyberspace: First Step*, Cambridge: MIT press, 1991, pp. 122 – 123.

② ITU, "ITU Toolkit for Cybercrime Legislation," 2010, http://www.cyberdialogue.ca/wp-content/uploads/2011/03/ITU-Toolkit-for-Cybercrime-Legislation.pdf.

③ 郎平：《网络空间安全：一项新的全球议程》，《国际安全研究》2013 年第 1 期。

④ ［美］迈克尔·海姆：《从界面到网络空间——虚拟实在的形而上学》，吾伦、刘钢译，上海科技教育出版社 2000 年版，第 79 页。

以准确揭示社会与网络空间的关系，因而要深入探究其社会属性。

随着信息网络技术的发展，网络空间吸纳了越来越多的社会活动，各国对网络空间的认识也经历了一个由技术现象层面的描述到对其主客体互动关系及社会属性抽象概括的发展过程，逐渐由简单到复杂。

第一，网络空间为社会活动提供了新型空间资源。

由于有了这个新的空间所提供的空间资源，人类各种活动迅速线上化。人在社会结构中"位置"的逻辑与意义已经被吸纳在网络空间之中了。[①] 多数情况下，现实社会生活的空间维度受"在场"的限制和支配，即需要实体的地点作为依托，而网络通过对"缺场"[②] 的各种要素的孕育，丰富了空间的含义，把"空间"从实体"地点"的意义上分离出来，使"空间"失去了其原有的地理意义，人们不必依赖于地理位置而能实现任何"面对面"的互动过程了。由此看来，由信息基础设施建构的网络空间，是众多社会生产、生活以及其他社会活动的载体和场域，它的建构和发展吸纳了人类的许多经济和社会活动，特别是人类的思维活动和知识的流通，如果不能很快融入这样一个空间，数字时代国家的战略优势将无从谈起。

第二，网络空间建构了新的社会关系模式。

作为一个无中心的全球信息媒介和虚拟空间，网络空间已经成为人们日常社会生活和行为互动的核心场域，它以网络为平台为人们提供了相互之间真实交往的环境和形式，将全世界的人、组织和机构等联结在一起。在网络空间中，已经诞生了一种新型的居民，他们绝大部分时间都处于"在线"状态，无论是生活、工作、交易、娱乐，还是自我发展与社群创造，都以网络方式进行，这些网络居民都遵循技术化、虚拟化、数字化和流动性的生存规律与逻辑，不断塑造着形式各异的网络虚拟角色，开展着网络虚拟实践活动，并结成了网络虚拟社会关系。一种

---

① ［美］曼纽尔·卡斯特：《网络社会的崛起》，夏铸九、王志弘等译，社会科学文献出版社2003年版，第505—507页。

② 朱逸：《缺场空间中的符号建构》，《学习与实践》2015年第1期。

新型的具有数字时代特色的生活模式、工作模式与意识形态正在形成，并已作为一种全新的社会变量，不断地塑造着现实社会中社群成员的身份认知和行为模式。

信息技术和网络设备不仅构建了一张将世界联系起来的实体网络，还改变了实体地缘格局和地理空间对人类社会的意义，进而改变了组织之间和个体之间的关系，并且在新空间中产生了另一层的文化和集体认同。虚拟社区的产生便是这种认同的表现。虚拟社区又被称为电子社区（Electronic Community）、在线社区（Online Community）。从社会学的角度看，它是用户在网络空间进行频繁社会互动过程中形成的、具有文化认同的共同体及其活动场所，与现实社区一样，也包含了一定的场域、人群和相应的组织，成员参与虚拟社区可以基于很多目的，但和现实社区不一样的地方在于，虚拟社区的互动方式是基于网络，且其成员更趋于自由、开放和价值观共享。

第三，网络空间的融合和扩展变革着现实社会结构。

网络空间的社会性不仅体现在信息网络技术的虚拟场域化特征，还体现在网络空间已经成为社会活动的结构性因素，引发了社会、经济和政治结构的重构。社会学家曼纽尔·卡斯特（Manuel Castells）在《信息时代三部曲：经济、社会与文化》中将空间定义为由历史性的社会关系赋予空间形式、功能和社会意义的物质产物，并将网络视为一种革命性的力量，是对人类社会生产方式和生活方式的改造和融合，他将这种由网络影响而呈现的社会形态称为"网络社会"和被社会实践支撑起来的"流动空间"。① 他强调了网络空间与现实世界之间的相互关系，认为网络空间不只是技术意义上的信息和设备，而是具有人类社会基本要素的空间形式，将不断改造现实社会。当然，在网络空间变革现实社会的同时，现实社会的观念、财富和权力也在不断向网络空间中扩展、渗透和映射，使得网络空间更加复杂多变。

① ［美］曼纽尔·卡斯特：《网络社会的崛起》，夏铸九、王志弘等译，社会科学文献出版社 2003 年版，第 505 页。

(3) 网络空间的国际关系含义

信息技术科学和社会学探究了"网络空间"的基本含义，这是理解"网络空间"的基础。随着网络空间安全问题逐步上升到影响国家安全的程度，基于国际关系的视角对网络空间进行研究就显得极为重要。

近几年来，越来越多的国际关系学者开始关注网络空间的治理问题，罗伯特·基欧汉和约瑟夫·奈是其中最杰出的代表，他们对网络空间的研究非常具有启发意义。在他们看来，网络空间是在非地理的基础上进行划分的，和其他空间相比，它更容易受到技术变化的影响，① 切断电源可能使这个空间的一部分消失，如果域名管理机构将一部分域名注销，就可能使某个地区或国家在网络空间中消失，这个空间看似无影无踪，却无处不在。② 与此同时，他们在《信息时代的权力与相互依赖》一文中指出，网络空间虽是在非地理性的基础上建立起来的无形空间，但也有其权力结构，与传统的有形空间一样，有着如何治理的问题，治理需要规则和权威，而权威的来源可以多样化，最终也会形成网络空间的治理规则，这些规则会保护"合法"的使用者，惩罚违规行为者。谁统治？以何种形式统治？谁收益？收益分配如何进行的经典政治问题在网络空间中依然存在。③ 此外，针对将网络空间界定为公共产品或者全球公域（Global Commons）的观点，约瑟夫·奈认为这种观点并不完全符合网络空间的特性。在网络空间中，一些信息协议可以被看作"公共产品"，但是那些物理基础设施却是国家领土上的私有稀缺资源，不能被视作"公共产品"。网络空间的一部分处于主权的控制下，因而和公海那样的完全公域并不一样。因此，他认为网络空间只能算作一个"不完全的公地"，或者说这是一个有待形成治理规则和联合产权

---

① ［美］约瑟夫·奈：《权力大未来》，王吉美译，中信出版社 2012 年版，第 172 页。

② ［美］罗伯特·基欧汉、［美］约瑟夫·奈：《权力与相互依赖（第 3 版）》，门洪华译，北京大学出版社 2002 年版，第 258 页。

③ ［美］罗伯特·基欧汉、［美］约瑟夫·奈：《信息时代的权力与相互依赖》，载李惠斌编译《马克思主义与现实》2001 年第 2 期。

的共管地。埃莉诺·奥斯特罗姆（Elinor Ostrom）提出的"公共池塘资源"（Common-pool Resources）概念更符合网络空间的特性，这种资源存在非排他性，但一方对资源的利用会减少资源对他方的价值，政府不是解决此类"公共池塘资源"问题的唯一途径。[①]

"公共池塘资源"指的是同时具有非排他性和竞争性的物品，是一种人们共同使用整个资源系统但分别享用资源单位的公共资源。奥斯特罗姆认为由于该资源系统大，使得排斥因使用资源而获益的潜在受益者的成本很高。因此，公共池塘资源基本不存在排他性。[②] 在网络空间中，资源的规模大且性质各异、用户类型繁杂且数量多，因而网络空间存在非排他的性质，但不同于一般性的公域，网络空间中的资源存在竞争性，一个使用者对网络空间资源的消费会减少资源对其他使用者的供给，其得到的收益也会减少其他使用者享用这些资源所得到的收益，也就是说，在网络空间资源的消费上存在拥挤成本，域名、IP 地址、带宽等网络空间核心资源的使用都是如此。所以，网络空间并不是完全意义上的公域，也不是处于某个国家完全管辖下的私域，它是兼具公私两种特性的混合场域[③]，具有非排他性和竞争性，是"公共池塘资源"。因此，从国际关系视角而言，网络空间具有非排他性，但同时它又是以受主权管辖的物理基础设施为基础人为建构出来的虚拟场域，其中的虚拟层次难以实施主权管辖而存在利益和权力分配及使用的竞争性。

（二）虚拟网络空间与现实物理空间的关系

1. 网络空间与现实空间的映射关系

从传统视角来解读，网络空间是在现实空间的基础上逐渐发展而来

---

① ［美］约瑟夫·奈:《权力大未来》，王吉美译，中信出版社 2012 年版，第 194 页。

② Elinor Ostrom, "A Generalized Framework for Analyzing Sustainability of Social-Ecological Systems," *Science*, Vol. 325, No. 5939, 2009, pp. 419 – 422; ［美］埃莉诺·奥斯特罗姆:《公共事物的治理之道:集体行动制度的演进》，余逊达等译，上海译文出版社 2014 年版，第 36 页。

③ 张晓君:《网络空间国际治理的困境与出路——基于全球混合场域治理机制之构建》，《法学评论》2015 年第 4 期。

的，是伴随着计算机和互联网的发展和应用催生出的新型生存空间，是以信息流转为基础所形成的信息传播空间和人际交往空间，它保留了传统现实世界的特质，又体现出了全新的特点。然而，在网络空间中，现实空间中的实体物—物关系被技术转化成为网络空间中虚拟的数—数关系。在这个空间中，人们是通过各种技术和设备而相互感知和交往的。所以，虽然网络空间与现实世界紧密相连，但这二者之间的关系并不那么简单直接。

就目前的学术研究而言，关于网络空间与现实空间的关系有两种不同观点。一方面，一部分学者将网络空间看作海、陆、空、天之外的第五空间，是传统空间的一个组成部分，与现实空间是从属关系；另一方面，也有学者并不认同这种观点，认为网络空间与现实空间是并行存在的空间形式，是对整体现实世界的模拟和再造。[①] 就网络空间的本质及其影响力而言，如果仅将网络空间看成现实空间的第五个组成部分，可能是偏颇的，因为网络空间是对现实空间的整体虚拟和映射，是一个吸纳了人类各个领域活动的整体信息世界，而不是一个具体的实体空间形式。所以，网络空间与现实空间是并列映射关系，而非从属关系。

2. 网络空间的虚拟及现实二重性

网络空间虽然不是现实空间的直接组成部分，却是以现实技术架构为基础的人类生活新场域，并不是纯粹的虚拟空间，网络空间内各种活动的实现倚重于现实空间中的物理设备和领土资源。因此，现实空间是网络空间的本相，网络空间来源于现实空间，但又和现实空间有所区别，并逐渐发展异化成了一个相对独立的新空间。所以，网络空间具有虚拟——现实二重性，它是与现实世界交叉融合而存在的，这种交互融合既包括现实空间的观念、意识向网络空间的延伸、扩展和映射，也包括网络空间的边界向现实空间的扩张。[②] 虚拟—现实二重性主要体现在

---

① 余丽、王隽毅：《网络空间与现实空间的互动及其对国家功能的影响》，《郑州大学学报》（哲学社会科学版）2013 年第 2 期。

② 鲁传颖：《网络空间治理与多利益攸关方理论》，时事出版社 2016 年版，第 46 页。

三个层次：第一层次的二重性来源于网络空间物质层和虚拟层的并存现象，网络空间由虚拟的逻辑层和现实的物理层共同组成。各种终端设备、路由器、网线、光缆、服务器和机房等物理设备是现实实体，而各类软件、标准及协议等逻辑数字是看不见然而真实起作用的虚拟实体，它们共同组成了网络空间。第二个层次是虚拟流动的信息与真实稳定的信息创造者和传播者构成的流动空间。信息及信息流动难以感知，是虚拟的存在，但生产和传播信息的人，是现实存在的。网络空间在数字信息和人之间架起了一座桥，通过信息的交往，人们相互感知。人们在网络空间的信息交往活动是对现实社会的映射，网络空间信息活动又对现实空间产生反作用。第三个层次是"线上线下"的融合与转化。在数字经济领域，消费者在线上订购商品，再到线下实体店进行消费的新零售模式已成常态。通过共享在线平台、流量、人力、物流和供应链等虚实资源，线上线下的融合模式将实现商品生产、库存、下单、支付和物流等虚实环节的一体贯通，有助于消费者获得 PC 端、移动端、线下实体店等全渠道的商品、服务和体验，将更好地帮助企业实现虚拟和实体全渠道的深度融合，并且能够在各种渠道之间实现无缝切换和高效协同。所以，网络空间是一种虚拟的真实，也是一种真实的虚拟。

3. 网络空间与现实空间的建设性共存

事实上，在信息时代，"实体空间"和"虚拟空间"是无法分开的。没有虚拟世界，现实世界将无法产生互联网提供的额外价值，而没有现实世界，虚拟世界也会失去存在的根基，虚拟世界需要现实世界来发挥其潜力，网民之间的每次虚拟通信都以真正的公民开始和结束。所以，"无边界的网络空间"和"有边界的实体空间"之间是相互依赖、同生共长的，需要建设性共存。

二　网络空间治理的含义

(一) 网络空间治理

网络空间建立在各国对于本国网络基础设施共享基础上的全球互

联，所有用户都可以通过网络效应而获益。网络效应意味着使用的用户越多，网络的价值越大。因此，建立具有全球共识的网络空间治理机制非常必要。[①] 然而，网络空间的形成是一场复杂的社会与技术的互动过程，实现网络空间的善治，必须建立在对它全面认知的基础上。

综观中外关于网络空间的研究，虽然没有形成被普遍接受的概念框架，但对其的认知已经有了一些共识，这些共识大体总结出了网络空间的基本属性和本质，构成了网络空间治理的基础。第一，网络空间是形成于技术基础上的人类生活新场域，虽然对于这个场域的本质属性认知还有分歧，但对于其存在性已没有争议。第二，网络空间是以技术架构为基础的，其存在离不了技术设备和信息网络基础的支撑，互联网的技术架构决定了网络空间的性质。第三，网络空间具有虚拟和现实的双重特性，而不是完全虚拟的，它是由虚拟的各类逻辑协议和实体的计算机硬件、光纤、数据中心和卫星等基础设施组成的。第四，网络空间具有动态变化性，这种变化性一方面体现在网络技术的突进演化中，另一方面体现在用户对网络空间及其带来的数字化生活方式的不断适应上。[②]第五，网络空间的重要性与日俱增，其影响已从技术安全、社会安全发展到国家安全层次，网络空间的自治已经难以适应现实，国家及政府全面介入网络空间治理已是必然趋势。第六，网络空间不仅具有技术性，还具有媒体属性和政治属性，是个复杂的系统，协同增效是其重要价值取向。

网络空间治理着重讨论由谁治理？治理什么？怎么治理？治理效果如何衡量等问题，即治理主体、治理议题、治理机制和治理价值。

1. 治理主体

通过设计和制定互联网的技术架构、代码和网络协议等，早期的治

---

① 宋煜、张影强：《全球网络空间治理的理论反思：一种尝试性的分析框架》，《数字治理评论》2017 年第 1 期。

② Peter Singer and Allan Friedman, *Cybersecurity and Cyberwar：What Everyone Needs to Know*, New York：Oxford University Press, 2014, pp. 12 – 34.

理主要以技术方式进行，治理的目标主要是从互联网本身的网络功能出发，治理的议题和范畴限定在互联网社群内部，① 非政府行为体在治理进程中起着主要作用。随着互联网的急速发展和渗透，虚拟的网络空间在技术和社会的互动中产生并不断扩展，以技术社群为主的技术治理难以处理越来越多的公共政策问题，互联网治理演变为网络空间治理，参与治理的主体也不再局限于非政府行为体，国家及政府在不断回归这一治理领域。主权国家、次国家、国际组织、跨国公司、公民社会、行业机构、精英人士等行为体都被赋予了新的角色和功能。② 包含政府、私营部门和公民社会的多利益相关方成为认可度最高的治理参与主体，然而作为一种普遍意义上的治理理念和原则，三种治理主体之间的地位和关系是很难妥善处理的问题，其核心问题在于如何看待国家及其政府在网络空间治理中的地位和角色，这也是本书在接下来的章节中将着重讨论的问题。当然，在实践中，各主体应该发挥怎样的职能与作用则需要从务实的角度具体问题具体分析。

2. 治理议题

互联网的缔造者之一，在 20 世纪 80 年代领导了 TCP/IP 架构开发的大卫·克拉克（David Clark）提出了一个网络空间的分层结构模型。这个模型为我们更好地理解网络空间的基本构成提供了抽象、简便的框架。在这个模型中，网络空间被分成四层，包括物理基础设施层、由代码组成的逻辑层、信息内容层以及由分别扮演不同角色、发挥不同功能的行为体组成的社会层。③ 在这里，物理层具体是指网络的基本硬件物理设施，包括 PC、智能手机等终端设备，服务器、电缆、光纤等传输

---

① Ottaway Marina, "Corporatism Goes Global: International Organizations, Nongovernmental Organization Networks, and Transnational Business," *Global Governance*, Vol. 7, No. 3, 2001, pp. 265 – 292.

② 檀有志:《网络空间全球治理：国际情势与中国路径》，《世界经济与政治》2013 年第12 期。

③ David Clark, "Characterizing Cyberspace: Past, Present and Future," ECIR Working Paper, No. 2010 – 3, MIT Political Science Department, pp. 1 – 4.

设备，以及路由器、交换机等连接集中器。终端设备负责数据的生成、存储、接收和发送，传输设备负责实现数据的传输，连接集中器负责寻址和建立网络连接。逻辑层是网络空间服务构造的基础逻辑模块，是形成各种服务的网络协议等计算机网络技术和软件。信息层是人们通过社交媒体、网站或电子邮件等方式发送的信息，包括网络新闻、在线消费信息、音乐、视频、图片等信息内容。在这之上是所有使用和塑造网络空间特征的人和各类社会组织。其中，逻辑层的网络协议、软件以及物理层的硬件物理设施提供了网络的基本机制和基础设施，而逻辑层是网络空间的基础和核心，正是逻辑层的代码和协议构造并定义了网络空间的本质。

网络是一个非常复杂的系统，为了实现数据传输和信息共享，需要解决的问题很多且彼此之间存在很大差异。所以，在设计阿帕网（AR-PANET）时，工程师们就利用了"分层"的方法，将庞大而复杂的问题分为若干较小的易于处理的局部问题。借助于网络设计的智慧，按照立体层级构建网络空间分层治理模式，也是相对易行和可靠的路径。这种层级划分有助于更清楚地了解网络空间的组成，并有助于区分不同行为体的功能和擅长领域，加深不同行为体对网络空间的认知，进而有利于寻求更为广泛的共识，从技术、法律和社会规范层面分别制定不同的规则、建立不同的机制，实现网络空间的有效治理。在层级治理模式中，每个层次都存在需要治理的问题，而每个层次因特质不一，发挥主导作用的行为主体和形成的治理机制也有所差别，四个层次中主要的核心治理议题包括互联网关键资源的控制和分配、网络安全治理、标准设定、网络接入、数据跨境流动、知识产权保护等具体问题。

3. 治理机制

网络空间中不同行为体之间、不同层级的议题之间，以及议题和行为体之间关系的互动和演进决定了网络空间治理是个复杂的系统工程，难以找到一个单一的模式或统一的机制解决所有问题。相较于其他领域，网络空间的治理有很大的特殊性：涉及的利益相关方更多，涵盖的领域更广、层次更多；非政府行为体在网络空间的权力比其他领域更大，尤其是私营部门和公民社会在国际规则制定上有更大的发言权。因此，就机制的建立和发展演变来看，网络空间的治理需要不同行为体之间通过相互协作形成一个全方位、多层次、多形式的"机制复合体"①，不仅要有如互联网工程任务组这样的以技术社群为治理主体的自组织治理机制，也需要有 ICANN 这样多元治理主体共同参与的机制。当然，各国政府间合作形成的国际机制也是其中必不可少的组成部分。

综上所述，网络空间治理是政府、私营部门和公民社会等多元主体共同参与的、针对多层议题建立个性化治理机制的过程，是各主体在互动和协同的基础上通过法规方式、契约方式和自组织方式等多种渠道，实现网络空间有序化的过程。

（二）网络空间治理与互联网治理的联系和区别

在日常生活甚至学术研究中，人们经常将网络空间与互联网相提并论，有时甚至等同起来，但这两者却有着明显的不同。一般来说，互联网作为一个技术概念，包含建构网络连接的基础设施层、逻辑层和信息内容层，强调的是将各终端连接起来协同运行的软硬件及其技术，这是一个由私人网络、学术网络、政府网络和商业网络等组成的网络，只是网络空间中最典型、应用范围最广的一个组成部分，并不是全部。与此不同，网络空间则是一个具有社会和政治属性的概念，它是指人类基于互联网进行的各种经济、政治和社会活动所形成的多维度空间。② 因而，早期的技术专家们通常将互联网治理看作技术领域内的事务，是与互联网上信息交换有关的技术和政策协调问题③，是一系列与全球互联网域名和 IP 地址合作有关的重要但相对比较狭窄的议题。而此后，联

---

① Joseph Nye, "The Regime Complex for Managing Global Cyber Activities," Global Commission on Internet Governance Paper, 2014, pp. 5 – 13.

② 郎平：《网络空间国际治理机制的比较与应对》，《战略决策研究》2018 年第 2 期。

③ Laura De Nardis, "The Emerging Field of Internet Governance," in W. H. Dutton ed., *Oxford Handbook of Internet Studies*, New York：Oxford University Press, 2013, pp. 555 – 575.

合国互联网治理工作组（WGIG）基于工作需要，扩展了互联网治理（Internet Governance）的定义，认为互联网治理是"政府、私营部门和民间社会根据各自的作用制定和实施旨在规范互联网发展和使用的共同原则、准则、规则、决策程序和方案"①。这一定义突出了政府、私营部门和公民社会共同参与互联网治理的理念，也将互联网治理所涵盖的范围扩大了，不仅包括域名和 IP 地址的分配和使用问题，还包括其他重大的政治问题，如互联网安全保障、重要的虚拟资源分配等。弥尔顿·穆勒（Milton Mueller）等人进一步扩展了互联网治理的含义，认为"互联网治理是由互联网协议联系在一起的网络拥有者、运营商、开发商以及网民，通过集体决策的方式，就网络技术标准、网络资源分配、网络用户的行为规范，制定政策、规则以及争端解决程序"②。至此，互联网治理已经超越技术层，而涉及广泛的政治、法律、经济和发展等问题。在广泛的语境中，网络空间治理和互联网治理的界限越来越模糊。虽然这二者之间存在较高的重叠性，然而，将互联网治理这一概念无限扩大，并和网络空间治理（Cyberspace Governance）不加区分地混用，并不利于学术共识的形成和治理实践的深化。因此，本书认为"互联网治理"指的是仅与互联网技术相关的治理活动，是网络空间治理的核心组成部分，只是网络空间治理的一个子集，③ 而非等同于网络空间治理。网络空间是建立在信息网络技术之上的一种新型社会场域，已经逐渐成为文化的社会互动空间，其治理是通过建立一套完整的正式或非正式规范对从技术活动到政治活动进行的全面治理。

此外，从历史演进的角度来看，先产生了互联网，随着互联网的扩展和向现实社会的渗透，网络空间才能得以形成。因此，早期只有互联

---

① Working Group on Internet Governance, "Report of the Working Group on Internet Governance," June 2005, http：//www. wgig. org/docs/WGIGREPORT. pdf.

② Milton L. Mueller, John Mathiason and Hans Klein, "The Internet and Global Governance: Principles and Norms for a New Regime," *Global Governance*, Vol. 13, No. 2, 2007, pp. 237 – 254.

③ Joseph Nye, "The Regime Complex for Managing Global Cyber Activities," *Global Commission on Internet Governance Paper*, 2014, pp. 5 – 13.

网的治理，伴随着网络空间的形成，互联网治理逐渐被更具综合性含义的网络空间治理所取代。因此，互联网治理和网络空间治理不仅存在着从属关系，还存在历史传承的关系，随着互联网的进一步发展和扩张，从互联网治理过渡到网络空间治理是历史的必然。当然，在互联网治理时期，治理的主体主要是技术社群，治理的方法和原则主要是基于开放、透明和协商合作的自主治理，排除了政府的影响，而网络空间治理阶段则是政府、互联网社群和市场力量之间复杂互动的时期，治理的主体、客体和内涵都发生了广泛的变化，需要建立更宏观、更复杂的治理体系。所以，包括政府、私营部门和公民社会的多层多元治理模式更适应现实需求。

三　私人规制和技术规训的含义

（一）私人规制

私人规制（Private Regulation）是以市场为基本动力，弥补传统政府规制缺陷的规制体系，是私主体独立或者协同参与经济、社会规制的现象，它为缓解国际社会的风险开启了另一扇门。法布里奇奥·卡法基（Fabrizio Cafaggi）认为，私人规制包含了一系列由私人实体（例如企业、非政府组织，以及具有独立性的专家网络）所创设的涉及生活各个方面的规则和实践，相关组织通过行使独立规制权、实施国际法或国内立法授权的方式实现其目的和宗旨。[①] 蒂姆·贝特利（Tim Bartley）将私人规制概括为由非国家行为体在劳工、环境、人权和其他负责任标准领域进行标准编撰，对企业执行标准状况进行监督和认证的治理机制。[②] 两位教授的论述虽有差异，但都指出了私人规制的两个核心要点：一是指出了私人规制的主体是非国家

---

① Fabrizio Cafaggi, "New Foundations of Transnational Private Regulation," *Journal of Law and Society*, Vol. 38, No. 1, 2011, pp. 20 – 49.

② T. Bartley, "Institutional Emergence in an Era of Globalization: The Rise of Transnational Private Regulation of Labor and Environmental Conditions," *Journal of Sociology*, Vol. 113, No. 1, 2007, pp. 297 – 351.

行为体；二是将其界定为一种既包括规则体系又涵盖相应组织形式的治理机制。

因此，结合全球治理的语境以及以上两种定义，本书将私人规制定义为一种以私主体为主导的治理机制，是包括跨国公司、非政府组织和公民社会在内的非国家行为体在劳工、人权、环境和网络空间等领域，依据合同、法律或政府机构授权、委托以及自身使命获得相应的"权力"，进而进行行为规训、规则建构、监督执行和认证的治理机制，既包括规则体系，又包括组织实体，其主要特征在于制定了特定领域中具有针对性和专业性的规则和标准。

通过考察其产生过程及实践，私人规制具有以下核心特征：其一，私人规制以市场需求为导向，产生于市场选择，是对社会和经济风险的一种自发应对，经历了一个由点到面、纵横双重维度发展的历程，是以私人主体为中心的治理机制，其作用的发挥主要基于私主体，是全球范围内权力转移的结果和体现。虽与传统的国家间协调治理的影响机制不同，但其作用范围突破了治理范围的国界性，同时也弥合了国家与公民社会之间的隔阂。① 其二，从内容维度上看，私人主体已经全面地介入到经济社会各领域的规制中了，其具体规制模式和内容具有多样性。私人规制不再局限于质量认定等传统经济领域，而是包含了规则制定以及法律、行业规则、标准的监督和执行等权力色彩更为浓厚的内容，很多私人规制部门甚至通过合同或者授权获得了对规制对象的惩戒权。其三，私人规制是一种非强制性的治理机制，却具有事实上的强制性效果。与国家治理相比，私人规制缺乏强制性力量保障和明晰的法律体系支撑，其合理性、权威性以及执行力并非来自公共权力机构，其制定的标准和规则也不具有法律强制力。因此，其通常是通过以市场为基础的认证、标签以及自愿性规范等私有治理形式为全球性问题的解

---

① Graz-Jean Christophe and Nolke Andreas, *Transnational Governance and Its Limits*, London and New York：Routledge，2008，p. 2.

决提供方案。① 其四，权力从控制权向行动权的转变有助于私人主体获取更多影响力。因此，在多元权威的视角下，私人规制呈现出权力来源多元化和综合化的特征，其职权也存在行政化的趋势。

（二）技术规训

在网络社会中，数据收集技术、数据分析和挖掘技术、网络监控技术等技术构建形成了福柯所谓的全景敞视结构，参与网络活动者的身份、行为、思想、兴趣、心理状态和习惯等以中性的数据呈现在代码掌控者面前，成为被凝视的对象和被解剖的标本，人成了技术观察的对象。而以数字平台为代表的代码掌控者处在权力金字塔的顶端，占据了"瞭望塔"的位置，成为网络时代掌握监控权力的新监视者，可以依据数据对其他主体进行建构、"解剖"和规训。全景敞视式的权力规训在网络空间找到了新的立足点，成为一种经济和高效的治理机制，用最小成本实现了控制的最大化。

数字平台对其他主体的规训主要源于其拥有的技术权力，这种权力一方面体现在信息网络技术发挥的功能，包括设立平台架构、内容分类、推送和过滤等；另一方面，体现在技术这一概念本身具有的工具理性和文化内涵，即基于技术尤其是算法技术的决策常常被认为是理性、中立、高效和值得信赖的。② 规训权力与信息网络技术背后的工具理性相结合，共同将人对象化，对人进行规训和改造，以实现特定群体利益的最大化。因此，由于它的有用性和实效性，技术在很大程度上影响了用户的决定和选择，建构了新的行为模式、思维模式和组织运行模式，本书将这种影响和建构定义为技术规训。

首先，通过全方位的数据搜集，网络行为被数据技术量化构成了技术规训的前提。在网络空间中，每个行为主体的行为和身份等信息都被

① David Vogel, "The Private Regulation of Global Corporate Conduct: Achievements and Limitations," *Business & Society*, Vol. 49, No. 2, 2010, pp. 151 – 188.

② David Beer, "Power through the Algorithm? Participatory Web Cultures and the Technological Unconscious," *New Media & Society*, Vol. 11, No. 6, 2009, p. 985.

详细地观察、记录、描述和分析，从中得出的规律将作为进一步预测的依据，其最终目的是引导和强化某些行为。这种描述造就了一种控制手段和一种支配方法，使技术成为网络行为的指挥棒，而这种趋势会在无形中将网络用户变成福柯笔下"驯顺的肉体"。①

其次，网络监控成为技术规训的重要手段。规训是指"训诫……以符合规则"。② 这里的规则可能是法律，也可能是各种机构的规章制度。层级监视和规范化裁决是规训的主要手段。在网络空间，技术规训的主要手段是数字化的网络监控，在网络监控的基础上进一步实施裁决，以使行为更符合监控者规定的规范。数字平台可以利用对产品架构进行设计的优势地位，通过数据抓取技术帮助 Cookies 探知用户的日常操作习惯和行为倾向，这就构成了信息技术背景下的网络监控，被监控者并不知道何种数据被分析，哪些痕迹被利用，从而也实现了规训权力的自动化实施。

再次，实施技术规训的主要主体是具有大数据来源，并掌握强大算力和数据挖掘技术的实体。数字平台是其中最主要的代表，因为平台聚集了涉及各领域的海量数据，也最有实力和意愿实施规训，引导使用者的行为。

最后，作为技术规训后果的网络控制已经逐步显现。数据挖掘技术的背后目标是引导和控制人的行为，从而实现隐藏在数据挖掘背后的主体的经济和政治利益。而从实践来看，这种网络控制效果已经初步显现。手机已成为"人体器官"，注意力经济方兴未艾，人们的生活已由算法网络实时监测和指挥。而且，这种控制已经从经济领域扩展到了政治领域。如，"剑桥分析"公司涉嫌利用来自 Facebook 的数据影响多国大选就进一步展示出了算法蕴含的政治"威力"。③

---

① ［法］米歇尔·福柯：《规训与惩罚》，刘北成、杨远婴译，生活·读书·新知三联书店 2019 年版，第 145 页。

② ［法］米歇尔·福柯：《规训与惩罚》，刘北成、杨远婴译，生活·读书·新知三联书店 2019 年版，第 146—149 页。

③ 穆琳：《"剑桥分析"事件"算法黑箱"问题浅析》，《中国信息安全》2018 年第 4 期。

第二章

网络空间治理中的多元行动者

第一节　行动者网络理论

20 世纪 80 年代初，法国学者米歇尔·卡龙（Michel Callon）、布鲁诺·拉图尔（Bruno Latour）和约翰·劳（John Law）共同提出行动者网络理论，[①] 旨在为研究科学技术发展提供一个新的视角。随后，这一理论慢慢演变成了一种围绕社会科学的一般理论。虽然该理论也是探讨"行动者"及其形成的"网络"，但与传统社会学的讨论不同，行动者网络理论赋予了这些概念不同的内涵与外延，形成了自己独特的本体论、认识论和方法论，具体表现在以下五方面：第一，对"行动者"的理解突破了传统认知，认为任何与系统有关或者代表了系统某一属性的因素都可以被称为行动者，这就意味着行动者既可以是人（Actor），也可以指观念、技术、生物等许多非人（Object）因素。从这一点上看，行动者网络理论挑战了认识论中最基本、最普遍的命题，认为主体与客体没有根本的区分和不同，任何通过制造差别而改变了事物状态的主、客体都可称为"行动者"，大大扩展了"行动者"的概念范畴。第

---

① Bruno Latour, *Reassembling the Social：An Introduction to Actor-Network-Theory*, New York：Oxford University Press, 2005, pp. 247 – 262.

二，提出了广义对称性原则。行动者网络理论是一种新型的思维模式，他们强调行动者之间没有社会地位和种群的限制，所有的行动者，无论是人类行动者还是非人类行动者都是平等的，要以"对称性原则"看待网络中的各行动者，每个行动者都是网络中的一个元素，彼此共生，都在各自位置上发挥着其应有的作用。在拉图尔看来，自然和社会并不是相互对立的，而是相互统一的，生命体和非生命体都能表现出自身的利益，但不同行动者的利益取向、行为方式等都不同，研究者可以借助对行动者转译的分析和对不同行动者的异质性联结分析来建构行动者网络。广义对称性原则打破了以人类行动者为核心的原则和以人为中心的传统思维，从一个全新角度来看待社会各网络因素之间的关系，对非人因素占据很大比重的网络空间的研究具有很重要的借鉴意义。第三，认为"行动者"具有能动性。行动者不仅是特定网络关系或结构中的节点，而且还具有能动性，其行动处在不断变化之中。第四，提出了异质性网络。将网络看成一个长期动态发展的过程，是由所有异质行动者通过行动相互作用形成并维持的结果，由此而形成的网络是一个异质性网络，其中充满了不确定性，在行动者相互进行角色定义的过程中经常会发生变化，而网络的稳定性取决各行动者利益的不断协调。第五，研究了转译过程。转译是网络中把各行动者联结起来的过程，是网络建构中的关键环节，指的是关键行动者将自己的偏好和利益转换为其他行动者的偏好和利益，使其他行动者认可并参与由关键行动者主导构建的网络的过程。

这一理论在阐释社会与科技发展的关系方面独树一帜，将人和技术都看成具有独立利益诉求的行动者，认为各行动者的孤立存是没有意义的，赋予了他们之间的互动以重要意义。这种思想对网络空间治理有多方面的启示：首先，要充分认识到网络空间行为体的复杂性。网络空间行为体复杂多元，既包括政府、私营部门、公民社会这些利益相关者，也包括技术、治理议题等非人行动者。而且，正如行动者网络理论所揭示的那样，所有行动者都是不断发展变化的，即使是同一类行为体，其行为方式也不完全相同；其次，在治理过程中要重视非人行动者的作用及其与人类行动者的互动关系，尤其是技术发展本身的能动性。在很多政治学学者的研究框架里，以互联网技术为基础的网络空间是一个被动的、需要被规范的对象。然而，实践证明，网络空间中的技术因素和其他需要治理的议题不是完全被动的因素，技术发展本身对于网络空间治理有重要的作用，不同特性的治理议题也要求与之相匹配的治理机制。网络是各种异质行动者在交换资源和传递资源的过程中发生联系而建立的各种关系的总和，如何在关注各人类行动者的互动关系与相关机制建立的同时，注重技术创新可能带来的治理方式和手段的变化将是关键的议题。最后，在网络空间治理的过程中，可以借用转译的过程，协调各方利益，实现网络空间治理结构的形成。

第二节　网络空间治理中的多元主体行动者

治理是一种通过明确的决策对网络环境的持续改造，而制定有效政策约束或驱动互联网行为的权威政策制定机构，都是网络空间的治理者。① 在网络空间的发展和治理过程中，由互联网工程任务组（IETF）和互联网名称与数字地址分配机构的实践发展而来的多利益相关方治理模式得到了以美国为代表的西方国家的广泛支持和推广，而其中的多利益相关方泛指国家政府、私营部门和公民社会。借用米切尔评分法②，

---

① ［美］罗伯特·多曼斯基：《谁治理互联网》，华信研究院信息化与信息安全研究所译，电子工业出版社 2018 年版，第 8 页。
② 米切尔评分法由美国学者米切尔（Mitchell）和伍德（Wood）于 1997 年提出，是将利益相关者的界定与分类结合起来进行研究的方法。他们认为，企业的利益相关者必须具备以下三个属性中至少一种：权力性（Power）、合法性（Legitimacy）以及紧迫性（Urgency）。权力性，衡量利益相关者是否拥有影响企业决策的地位、能力和相应的手段；合法性，衡量利益相关者是否具有法律和道义上的索取权；紧迫性，衡量利益相关者的要求是否能立即得到企业的回应。而后，可以从三个属性上对可能的利益相关者进行评分，并根据分值的高低确定特定群体是否以及是哪种类型的利益相关者。他们根据分值高低把利益相关者划分为仅有一个属性的潜在型利益相关者、有两个属性的预期型利益相关者和有三个维度的确定型利益相关者。

国家政府、私营部门和公民社会在网络空间中是具有合法性、权力性以及紧迫性的确定型利益相关者，具备作为网络空间治理主体行动者的前提。而且，"国家、私营部门和公民社会各自在各领域的存在与活动，连同它们相互之间纵横交错、形式繁多的冲突、合作，形成了一个丰富的世界政治构造——全球'复杂聚合体系'（the Complex Conglomerate System）"①。网络空间是一个多维的空间，也是一个复杂的聚合体系，在这个"复杂聚合体系"中，代表传统国际政治权力的国家政府、以跨国公司为代表的私营部门，以及以技术社群组织为代表的全球公民社会不仅是确定型利益相关者，更是参与治理的主要行动者。因此，本书借用"政府—市场—社会"的三维分析框架，以国家政府、私营部门和公民社会的互动为视角，探讨网络空间治理的协同路径。

政府、私营部门和公民社会作为网络空间治理的主要主体行动者，各自有不同的功能、利益和偏好。②

一　政府

政府在网络空间的全球治理中应该扮演什么角色？多年以来，这个问题始终是争论的焦点之一，由此产生了两种对立的观点。早期的网络建造者和推动者常常秉持网络自由主义的思维模式，支持网络的自由、高效、独立与便捷的自我管理，他们认为网络的自由和开放是由技术决定的，体现在网络的各种标准和协议中，通过协商和共同同意的方式加上市场的力量就能解决治理问题，而不需要任何强制性的权威，民族国家是过时落伍的产物，政府将永远不能理解技术变革的意义或与技术变革保持同步，网络空间的自治是完全可以实现的。约翰·佩里·巴洛（John Perry Barlow）甚至发表了网络空间独立宣言。争论的另一方是持现实主义政治态度的学者和政治实践者，他们强调只有传统的区域性政

---

① Raymond F. Hopkins and Richard W. Mansbach, *Structure and Process in International Politics*, New York: Harpar & Row, 1973, p. 128.

② 鲁传颖：《网络空间治理与多利益攸关方理论》，时事出版社 2016 年版，第 99 页。

府才能提供公共产品,① 国家仍然是世界政治中的首要行为体,其权力和主导地位仍将持续。国家,尤其是大国,仍然是解决由网络带来的治理问题的最主要行为体,相较于其他行为体,各个大国在实现其偏好方面始终存在比较优势,强国能利用联系性战略等广泛的外交政策措施,将其期望变为想要的结果,私营部门和公民社会则只能在一些边缘层面对结果施加影响。②

网络自由主义者的自治论充满了理想主义色彩,秉承简单的技术决定论,而忽略了网络空间存在一百多个掌握着重要权力资源、各自独立且彼此之间充满着利益纷争和意识形态斗争的政治实体的现实。在互联网发展早期,这种理念在小范围内足以创建秩序并实施行为标准,但当互联网发展成一种主流的生活方式,网络空间形成之时,这种理念就不能应对复杂多变的现实了。政府是国际政治舞台上的主要行为体,也是网络空间治理中的确定型利益相关者,并且,网络空间的物理基础设施处于各主权国家的管辖范围内,因而政府回归至网络空间治理已是必然之需,然而,过分强调政府的主导地位和权力路径也有违信息时代多元权威的实际。考虑到新的经济和地缘政治环境,网络空间治理需要在一个开放、网络化的体系和一个在安全上要求政府积极参与的更为封闭的环境之间找到完美的平衡。③

然而,关键问题是政府到底该发挥何种作用,以及如何发挥作用。传统文献将治理主体和治理客体当成两个独立的领域进行研究,当涉及治理主体时要么强调多利益相关方的共同参与,要么强调多边治理模式,而当谈到治理客体时,大多采用分层法将治理议题分成不同的层级,而没有较好地将不同层级的议题和不同特性的主体通过一个框架结

---

① Jack Goldsmith and Tim Wu, *Who Controls the Internet? Illusions of a Borderless World*, New York: Oxford University Press, 2006, p. 142.

② Daniel W. Drezner, "The Global Governance of the Internet: Bringing the State Back In," *Political Science Quarterly*, Vol. 119, No. 3, 2004, pp. 477–498.

③ Baird Z., "Governing the Internet: Engaging Government, Business, and Nonprofits," *Foreign Affairs*, Vol. 81, No. 6, 2002, p. 15.

合起来进行匹配。奥斯特罗姆认为，公共产品的供给涉及不同行为体之间治理功能的分配，因而本书认为，政府发挥作用的大小及其方式取决于网络空间治理议题的属性，在高政治属性的安全等领域，政府是第一责任者，也是最主要的行为体，而在高技术性和社会性领域，政府相较于私营部门和公民社会缺乏有效手段和洞察力，官僚政治体制的效率也难以有效应对快速变化的网络空间，因而，政府在这些领域的地位和作用不是最重要和最突出的。

技术虽是中性的，但技术发展和使用结果却是非中性的，网络空间依然存在和现实政治世界一样的强国和弱国。网络强国大多是现实世界中的西方发达国家，而网络弱国也和现实国际关系中的发展中国家名单高度重叠。政府作为相对于社会的一个行为体，虽然有较为一致的功能、偏好和特质，但网络强国与网络弱国的政府掌握着不同的权力资源，治理理念和政策立场上也都存在差异，不能将他们简单地视为一个整体。此外，随着网络空间治理议题的复杂化和细化，越来越多不同的政府部门和不同层级的政府参与到治理进程中，这不仅增加了政府部门之间的协调难度，也会进一步改变政府和社会之间的互动关系，进而影响网络空间治理机制的建构。[1]

二　私营部门

私营部门代表着市场的力量，主要是一些大型企业和企业组成的协会。它们是网络空间中重要的利益相关者，引领着网络技术的发展方向，与很多政府相比，它们拥有的权力资源更多。[2]苹果、微软、谷歌和亚马逊是当今互联网领域的四大巨头，截至 2023 年 12 月，苹果市值已达 3.05 万亿美元，微软市值达 2.77 万亿美元，谷歌市值达 1.7 万亿美元，亚马逊市值达 1.59 万亿美元。除此之外，这些跨国公司还掌握着大量的先进技术、标准、专利和尖端的人才，而遍布全球的分支机构

---

① 鲁传颖：《网络空间治理与多利益攸关方理论》，时事出版社 2016 年版，第 100 页。
② ［美］约瑟夫·奈著：《论权力》，王吉美译，中信出版社 2015 年版，第 159 页。

还能帮助它们调动和利用全球范围内的市场和资源。所以，大型企业具有足够的资源和实力承担网络空间的治理活动，基于利益的直接相关性，它们也有充分的动力参与治理活动。然而，企业的动力通常来自竞争，其行为动机是获取利润，追求效率是它基本的价值取向，与政府必须考虑政治价值不同，私营部门首先考虑的是经济回报和效率提升，而不是社会公平和政治后果，所以，其在全球治理中的偏好明显不同于政府行为体。

三　公民社会

公民社会（Civil Society）是个复杂且历史悠久的概念，其最初的含义可以上溯到亚里士多德。亚里士多德在《政治学》阐释了"公民社会"的概念，其意义是城邦，也就是将"公民社会"等同于"文明社会"。此后，公民社会的含义经过了多次演变，第一次演变基于洛克的社会契约论，他认为"公民社会"是与"自然状态"相对的状况。黑格尔和马克思完成了对公民社会理论的第二次发展，他们提出了"公民社会"与国家政权相分离的二分法，并且将"公民社会"更多地看成经济社会。在哈贝马斯提出公共领域的概念后，公民社会的含义又发生了第三次蜕变，产生出了国家、市场、公民社会的三分法。他认为"公民社会"的核心机制是由非国家和非经济组织在自愿基础上组成的。①

所以，"公民社会"具有古典和近代两种含义。古典含义是相对于"野蛮社会"而言，指建立了国家的文明社会，近代含义是相对于"国家政权"而言，指国家控制之外的社会、经济生活，② 是国家和家庭之间一个中介性的社团领域，这一领域由同国家相分离的组织所占据，这些组织在同国家的关系上享有自主权并由社会成员自愿结合而形成，以

---

① ［德］哈贝马斯：《公共领域的结构转型》，曹卫东译，学林出版社1999年版，第27页。

② 孙关宏：《政治学概论》，复旦大学出版社2003年版，第104页。

保护或增进他们的利益或价值。① 所以，网络空间治理中的公民社会主要是指广泛介入网络空间的各种非政府组织、民间团体、全球倡议网络和社会个人等，他们在技术的推动下在网络空间找到了一种全新的社会存在和参与渠道。公民社会既包含全球公民社会，也包括国内公民社会，在网络空间治理的进程中，它们都在发挥作用，因而本书将其统称为公民社会。

在网络空间治理领域，能发挥核心影响力的公民社会组织主要有：互联网工程任务组、互联网名称与数字地址分配机构、互联网协会（ISOC）、电子商务全球对话（GBDe）、万维网联盟（W3C）等。在全球化浪潮中，公民社会陆续参与了诸多传统领域的全球治理事务，但其参与方式多为游行抗议、议题设置等间接方式，而在网络空间治理中，公民社会从最开始便发挥了核心作用，网络架构的建设、代码的设定、标准和协议的制定、关键资源的分配等都是由技术社群完成的。

四　政府、私营部门和公民社会的不同偏好

作为构建网络空间治理结构的三大核心力量，政府、私营部门和公民社会因为具有不同的理性逻辑而在治理中各具特色，从而承担不同的角色，发挥差异化的影响，并互为补充。

1. 政府的权力理性

政府的权力理性表现为对内和对外两个层次，在国家内部，政府拥有最高统治权，其以税收形式集中社会资源后，再依靠强制性权力配置资源，通过自上而下的组织体系为社会提供各种公共物品，在此过程中，政府追求相对于市场和社会的主导地位和权威。而在国际社会中，追求权力成为维护国家安全和稳定的基本手段和目标。无论是经典现实主义认为权力是国家间政治的目的，还是新现实主义认为权力是实现国

---

① 扶松茂：《开放与和谐——美国民间第三部门与政府关系研究》，上海财经大学出版社2010年版，第20页。

家利益手段，① 权力总是无政府状态下国家最看重的因素。虽然在信息时代，"权力赖以生存的资源已经变得越来越复杂了，"② 权力不仅来源于暴力资源，还有可能来源于履行了具体责任，而且信息技术和全球化的发展使全球体系中的行为体多元化，原本仅属于民族国家的权力发生了转移和流散，但政府的权力理性仍然没有发生任何变化。因此，政府是国家主权的直接拥有者，是网络空间治理中必不可少的角色，其在治理过程中仍然以追求控制性权力为核心目标。但政府官僚政治的组织形式在面对网络空间这样明显具有复杂性的系统时，存在效率低下和能力不足的局面，尤其在国际政治中，各国之间的政治斗争会阻碍他们在网络空间治理中的合作。

2. 私营部门的利润理性

私营部门主要由各类公司及其协会组成，他们是经济行为体，利润是其存在的根本，即使是企业社会责任意识越来越高的今天，追逐利润仍是其首要原则。"利润是激励和操纵企业行为的因素……私人利润体制是公司维持经营和保持稳定的必要条件。"③ 企业的经营活动必然以利润为导向，而其参与治理的主要动机也必然是有利于其长远利益的实现。网络空间治理是制定网络空间中游戏规则的过程，一方面，私营部门具有参与网络空间治理的意愿和能力，它们可以通过竞争机制高效地提供如技术标准、行为准则等公共产品，扩大企业影响力的同时也可实现部分的治理效能。另一方面，企业追逐利润的本性，使它作为治理主体的角色，呈现出在公益、正义、公平等"价值理性"方面的局限性。

3. 公民社会的价值理性

公民社会处于政府和企业之间，不以营利和权力追求为动机，而是追求人权、道义、透明度和公平等价值观的实现。相对而言，公民社会

---

① 倪世雄：《西方国际关系理论》，复旦大学出版社 2002 年版，第 141 页。

② ［美］罗伯特·基欧汉、［美］约瑟夫·奈：《权力与相互依赖（第 3 版）》，门洪华译，北京大学出版社 2002 年版，第 11 页。

③ ［美］彼得·德鲁克：《公司的概念》，罗汉、焦艳等译，上海人民出版社 2002 年版，第 11—12 页。

的价值追求能在更大范围内实现网络的有效连接，消减数字鸿沟。网络空间中公民社会的组织结构更符合互联网分布式发展的逻辑，其发展是基于共同的兴趣和价值观，而不是对利益的追求和物质的关注，同时，其还能起到监督政府和企业行为的作用，使它们参与网络空间治理的合法性很高。具体而言，网络空间中的公民社会致力于互联网基于虚拟标识符唯一性的互联和有序发展，并最大限度地保障落后国家和地区居民的网络接入权。

综上所述，政府受困于权力政治的束缚，要把安全和秩序放在首位，对社会需求和发展机遇反应较为迟钝，不能完全适应网络空间治理的需求，而企业受利润驱动很难以公共服务和公共利益为核心目标，公民社会的运行虽不以强制性的权力或货币为媒介，有更高的合法性和公共利益诉求，但往往要借助于政府和私营部门的权力和资金支持，独立性方面存在局限。因而，网络空间治理的实现仅依靠单个行为体是不现实的，需要在三方互动的基础上形成多层的治理机制组合体。

五 政府、私营部门和公民社会在网络空间治理中的不同角色

2005 年，互联网治理论坛发布报告，详细列出了政府、私营部门和公民社会在网络空间治理中的角色和责任。[①] 从中可以看出，WGIG对于政府、私营部门和公民社会的角色定位和现实国际关系中各方的定位差距并不大，国家政府是安全和发展的负责人，是主权者，主要负责订立法律和政策，协调各方利益和立场，创造好的信息技术发展环境，推动技术发展和应用；私营部门是经济利益的提供者和行业规范、标准的制定者，其价值在于提出议题倡议、促进标准和技术发展、实现创新；而全球公民社会则定位于公共利益，是各方利益的平衡者和专业技能的提供者，力图在网络空间促进公平、透明和民主的实现。然而，在网络空间中，各方角色的扮演和作用的发挥还需面对诸多现实条件的束

---

① Working Group on Internet Governance, "Report of the Working Group on Internet Governance," June 2005, http: //www. wgig. org/docs/WGIGREPORT. pdf.

缚和相互之间的掣肘：面对汹涌的网络舆情，政府在制定政策和缔结条约时难以拥有从前的自由度，私营部门在参与治理时还需平衡私有利益和公共利益之间的冲突，公民社会以咨询交流、谈判协商、发出倡议为主要治理参与方式，其效率和有效性难以跟上飞速发展的网络空间治理需求。

第三节　网络空间治理中的多层客体行动者

一　客体行动者总体属性

在大卫·克拉克提出的网络空间分层结构模型中，网络空间被分成四层：物理基础设施层、逻辑层、信息内容层和人类社会层。结合网络空间的组成层次，其治理也可以在不同层级中有针对性地实施。据此，本书尝试按照物理基础设施层、逻辑层、数据和内容层以及行为规范四个层面对网络空间治理问题进行分层化解，进一步细化出网络空间关键资源和标准/协议、隐私数据保护、知识产权、网络安全等几个主要的子议题作为核心分析对象用以建构和检验理论。在明确各个治理层次和各子议题关系的基础上，通过分别测量不同子议题所具有的问题结构，进而确定各行动主体的互动模式和适宜治理机制，能更加清晰地勾勒出网络空间治理机制的总体框架。当然，网络空间治理的议题极其复杂，彼此之间也有交叉和重叠，这种分类方式是为了理论分析的简洁性而进行的抽象和简化。之所以做如此的区分，原因在于问题的性质决定解决问题的方法。[①] 奥兰·扬以问题结构为核心概念，试图测量全球治理中不同议题的治理难度问题，进而揭示全球治理过程中议题的性质和解决办法之间的复杂关系。他确立了衡量问题结构的四个维度：问题属性（Problem Attributes）、非对称性（Asymmetries）、社会背景（Social Set-

---

　① ［美］奥兰·扬：《世界事务中的治理》，陈玉刚、薄燕译，上海人民出版社2007年版，第49页。

ting）以及行为体特征（Actor Characteristics）。① 同样，在网络空间治理实践中，客体行动者也就是各类治理议题的属性会严重影响治理机制的建构及有效性。

网络空间中治理议题具有一些共同属性：

首先，议题多元且各类议题之间有很高的异质性。网络空间是现实社会的映射，现实实体空间中存在的自由与秩序、发展与公平、文化融合与部落化、落后与发达等问题在虚拟的网络世界中依然存在，不仅如此，网络空间中还出现了很多独有的问题，如虚拟数据的保存和流动等问题。因此，可以说，网络空间中的治理议题涉及了从技术到经济，再到安全和文化的诸多层面，是个复杂的领域，意味着需要多元权威的多中心治理主体。

其次，议题复杂，各子议题之间存在错综复杂的议题互嵌现象，需要综合运用多元的治理路径和手段。网络空间四个层次的治理议题之间既有很高的异质性，也有很大的交叠区域和议题互嵌，一个问题的解决会牵动其他问题，具有明显的复杂网络结构，关联的机制聚合体才能应对这些问题。

最后，各议题处于不断变化中。网络技术还处于飞速发展的状态，有些问题会随着技术本身的发展而消失，有些新问题也会不断出现，而已有问题也会不断变化其内容和形式，这就要求治理机制必须是富有弹性的，能适应不断出现的变化。

二　物理基础设施层的治理议题及其属性

物理层是网络空间存在的实体基础，具体是指网络的基本硬件物理设施，包括各种终端设备，服务器、电缆、光纤等传输设备，以及路由器、交换机等连接集中器，它们共同保障了全球网络的互联、畅通、兼容和有效。相对于其他层次的治理而言，物理基础层涉及的硬件设施都

①　［美］奥兰·扬：《世界事务中的治理》，陈玉刚、薄燕译，上海人民出版社 2007 年版，第 59 页。

有物理属性和空间位置，是由私营部门掌握着产权的私产，其治理涉及网络主权和产权的协调，也就是如何在保障所有权的前提下，实现基础设施的国际共享，进而实现网络效应。治理的具体内容主要包括界定产权、部署技术和资金、确定分布方式等。铺设海底光缆、发射远程接入卫星、建设跨国骨干网等有形网络的全球建设与安全运营是物理基础设施治理的核心组成部分，在这一层的全球治理中会衍生出因基础设施而导致的网络接入和网络发展的公平问题，基础设施的初建、维修、更新和运营的过程中蕴藏着巨大的市场资源和商业机会，西方发达国家及其大型企业垄断着大部分基础设施并从中获益，而有些不发达国家则被锁定在信息技术基础设施购买者的地位，不仅要支付昂贵的使用费用，还会造成对基础设施提供者的不对称依赖，加大脆弱性。

三 逻辑层的技术治理议题及其属性

逻辑层是网络空间服务的基础逻辑模块，是形成各种服务的网络协议等计算机网络技术和软件。对这一层的治理是网络空间治理的关键组成部分，治理主要集中在技术层面，以及与技术相关的政策制定过程，这是传统互联网治理所涵盖的主要范围。主要包括互联网关键资源的控制和分配、协议/标准的设定、网络接入和互联的协调、互联网技术安全等内容。具体而言，各项内容包括更为详细的事项和任务：互联网关键资源的控制和分配，包括域名与地址的监管和分配、IP 地址的技术设计和分配、根区文件管理、互联网根服务器的运营、DNS 查询等；协议/标准的设定，包括各类协议和标准的设计和推广等；网络接入和互联的协同问题，包括多层网络互联的实现、互联标准设定、终端用户接入政策等；互联网技术安全，包括网站安全认定、加密标准设计、软件安全漏洞修复、安全事故响应等。技术层面的安全威胁主要有两类，第一类是内生性威胁，主要源于互联网运行机制自身存在的缺陷和风险造成的自然性威胁，互联网的设计缺陷和管理缺陷都会造成这类威胁，如各种软件 bug 和漏洞造成的网络访问故障，关键人物或机构由于自身原因造成其负责的工作处于中断等。第二类威胁是外生性的，主要来自各种网络参与者的主观恶意行为，如各种网络化的组织或个人，利用各种攻击工具和已存在的系统漏洞，对目标进行恶意攻击，导致网络无法正常运转。

大规模不规则的网络有两种类型，在第一种类型中，大部分节点都有大致相同数量的链接，只有少数节点具有很多链接，这是一种具有平均结构的网络，通常被称作指数网络或均匀随机网络。在第二种类型中，大多数节点连接到一些已经具有很大链接的节点，形成了中心节点，在每个节点具有的链接数方面，这类网络缺乏一个占主导地位的典型的平均规模，这些网络被称为幂律网络①或无标度网络，也可被描述为中心辐射型随机网络，这类网络的基本原理是"增长"和"择优链接"。因为关键节点的存在，随着随机失效概率的加大，造成伤害的程度要比指数网络严重，而互联网就属于这种无标度网络，其增长通常通过新节点优先连接已有很多链接的旧节点，形成高度连接的枢纽。对重大枢纽的攻击会造成严重而广泛的影响，所以技术治理还要面对由互联网技术架构带来的不对称脆弱性问题和因关键枢纽而形成的资源和权力聚集的马太效应问题。

虽然说，技术治理体现的主要是互联网技术社群的技术智能，但关键资源的分配和标准的制定实施都内嵌了权力和利益，不仅会对公共利益产生直接影响，也会固化由技术优势造成的利益分配格局和力量格局，使得这一领域的治理问题也有了越来越多的政治和经济纷争。

从奥兰·扬的问题结构框架来看，这一类治理问题虽体现了利益和权力问题，但总体而言还是技术属性为主，体现了互联网架构的基本特色，如开放、去中心、匿名、跨国界等。技术社群的自我管理文化和多中心、点对点的互联网哲学对技术治理领域的影响深远，使得这一领域

---

① 幂律在数学上反映了高度链接的节点的相对丰度。

的治理主要由私营部门和公民社会完成，而政府的合法性常常受到质疑，甚至一度将政府的影响力排除在治理权威之外。

四 数据和内容层的治理议题及其属性

数据内容主要指网络空间中的各类结构化和非结构化的数据，其形式多样且来源众多，既有用户使用互联网而产生的各类娱乐数据、消费数据、行为数据、身份数据和财务数据等，也包括各类内容供应商制作的内容数据，还包括网络运行过程中收集和产生的各类数据。在治理过程中，可以将数据治理分为数据信息类的治理和内容类的治理①。数据信息的治理主要是数据自由流动、隐私保护和数据监管等问题，而内容类的治理则着重于探讨在网络空间中哪些内容的制作和发布需要受到限制的问题。随着数字技术的发展，数据存储和传输的形态和方式发生了巨大变化，现实社会中绝大多数信息资源都可被转化成数据，并便捷地传送和分享到世界各地。数据的自由流动是网络产生的动力，也是其核心优势所在，然而，由数据流动产生的个人数据隐私保护与数据自由流动的矛盾一直存在，且越来越难以平衡，由此还引发了国家是否有权对本国境内网络基础设施上流动的数据实施管辖的争论。

此处，有必要对信息与数据做出区分，以便更好地加以治理。它们之间既有联系，又有区别。数据有视频、文字、图片等多种形式，是信息的表现形式和载体，而信息则是对数据进行加工处理之后所得到的并对决策产生影响的数据，是数据的内涵，是对数据作解释后的结果，是逻辑性和观念性的，因而更具有价值。罗伯特·基欧汉和约瑟夫·奈将信息分为战略信息、商业信息和免费信息三类，三种信息的生产和传播动机不同，战略价值也不一样。免费信息由生产者免费生产并提供，传播者通过自己的传播而增加信息的价值，这类信息的治理主要在于如何

---

① 鲁传颖：《网络空间治理与多利益攸关方理论》，时事出版社 2016 年版，第 99 页。

确定有害信息并加以管理。而商业信息的生产和提供都期望获得回报，使用者使用需要支付费用，这种信息的治理主要涉及知识产权保护和商业间谍问题。战略信息是对行为体至关重要的信息，具有不对称性，会产生比较优势，因而各行动者会极力追求，导致了大规模数据监控和隐私泄露的问题。

这一领域的治理主要聚焦于网络空间中访问和处理数据的机制，即数据的生产、加工、存储、流通和使用问题，核心议题有数据的跨境自由流动、数字作品的知识产权保护、数据监控以及网络内容审查等。从网络空间治理的层面来看，数据和内容层涉及了关键的治理议题，即网络空间中的秩序与自由问题，[1] 以及利益和权力分配问题。数据与信息不仅是网络空间中的核心资源，也是具有战略性意义的权力与财富[2]，还是价值观念和意识形态。因此，数据治理涉及各利益相关方的核心利益，因此各行为体之间对此进行了长期的斗争。掌握了数据资源、数据挖掘和转化利用技术的行为体，在数字时代将获得巨大优势：对私营部门来说，这意味着他们能精准地找到"市场需求与偏好"，然后在精确、深度细分的市场上，对消费者展开定制化和个性化服务，最终获得高额的回报；对偏好并关注社会利益与诉求的公民社会来说，不对称分布的数据处理技术和能力，使得他们能够更加精准地分析目标受众的个性化偏好，然后实现更加有效的组织和动员；而对政府来说，一方面，政府本身是最大的数据拥有者，政府能有效运用这些数据实施有效治理；另一方面，政府在和其他行动者竞争过程中，始终难以获得更多优势，一直处于追赶技术发展和社会需求变化的位置，与此同时，在运用数据展开有效治理和管理的同时，政府又面临着变革与数据流动需求不符的内部结构的艰巨任务。[3] 总之，各行动者在全球范围内展开了有关

---

① 鲁传颖：《网络空间治理与多利益攸关方理论》，时事出版社 2016 年版，第 95 页。

② 杨剑：《数字边疆的权力与财富》，上海人民出版社 2012 年版，第 26—30 页。

③ 沈逸：《网络时代的数据主权与国家安全：理解大数据背景下的全球网络空间安全新态势》，《中国信息安全》2015 年第 5 期。

关键数据资源的实际控制、管理规范和运用能力的战略竞争，在此过程中，新的权力中心与权力结构将快速地涌现、发展、转型和变迁。

五　行为规范层的治理议题及其属性

所有使用和塑造网络空间特征的人和各类社会组织的行为及其之间的互动体现了网络空间的社会属性和政治属性，是造成众多安全威胁的主要来源。相较于网络空间的物理层、逻辑层以及数据和内容层，这一层具有本质不同，其社会公共政策属性更强，而且各行为体既是网络空间中的治理主体，也是需要被治理的一方，这就加大了治理的难度和复杂性。

网络空间行为治理需要遵循一些重要的原则和目标：一是开放原则，网络空间的价值在于其网络效应，所以应保持开放的属性；二是自由原则，即用户接入网络的自由、网络空间中的言论自由和信息流动的自由等；三是透明原则，网络空间各项规则的形成过程和工作流程应该遵循透明原则；四是保护原则，即网络空间的隐私数据和个人信息应受到法律的保护①；五是互联互通原则。按照梅特卡夫定律（Metcalfe's Law），网络的价值取决于网络内节点的数量，一个网络的用户数目越多，那么该网络内每个终端和整个网络的价值也就越大，因此，保证全球网络的互联，而不是将网络分割成各种局域网，符合网络价值最大化的原则，也符合各利益相关方的核心利益。

围绕上述原则和目标，主要存在三类行为需要规范：

（一）各国政府行为体之间的网络互动行为

随着政府将更多的服务和资源数字化，人们将更多的活动转移到了线上，网络空间的战略价值逐渐被各国政府所认知和重视。各主要国家陆续提出了各自的网络空间战略或政策，试图划定各自的数字疆界，并争夺更多的网络空间话语权。由此出现了由国家政府发动的网络数据监

---

① 郎平：《网络空间国际秩序的形成机制》，《国际政治科学》2018 年第 1 期。

控、窃密、网络威慑、网络武器研发和使用等行为，这些行为不仅会影响网络的开放和自由，也会影响相关国家的网络安全甚至国家安全，需要国际社会寻找共识，加以限制和规范。

（二）国家政府与私营部门和公民社会之间的网络互动行为规范

政府、私营部门和公民社会在网络空间中有不同的诉求，从而导致了不同的行为模式。作为国家的管理者，政府对国家安全和网络空间秩序维护负有主要责任，作为产业和技术发展的主导力量，私营部门主要追逐利润及市场地位，公民社会则既有以维护公共利益为宗旨的组织和个人，也有追逐个体私利的黑客组织或个人。在民族国家为主导的国际体系内，国家仍然是对内、对外最主要的行为主体，私营部门和公民社会的网络行为受制于国家政府所建立的制度规范体系和文化环境，这是三者关系的主要前提。在此前提下，政府的网络行为需受到来自各私营部门和公民社会的限制，以免政府侵害网络的开放和自由属性，以及弱势行为体的利益，从而保证在程序上其他行为体的参与权和政策行为的透明度。当然，仅仅以国家政府作为主要参与者的全球治理机制面临着越来越多的合法性挑战[1]，尤其在网络空间治理领域，私营部门和公民社会的实际影响力远超其他领域的全球治理，因而，私营部门和公民社会的行为也需要得到治理。如需探讨如何打击恶意黑客和跨国网络犯罪、网络暴力、网络恐怖主义等。此外，少数巨无霸互联网企业不仅掌握了重要的信息战略资源，还实质上间接代理行使着行政规制的自由裁量权，如何确定这些企业的权利与责任边界，以及由此产生的治理问题也值得关注。美国政府与微软、苹果、META 等大跨国公司之间的博弈，恰恰反映了私营部门与政府之间的利益冲突。

（三）私营部门和公民社会之间在网络空间中的互动行为规范

网络空间的治理中，标准和协议具有很高的影响力和权威性，起着重要作用，所以协议和标准不仅会对公共利益产生直接影响，也会固化

---

① J. Hoffmann ed. , *Contending Perspectives on Global Governance：Coherence，Contestation and World Order*，New York：Routledge，2005，pp. 213 - 228.

由技术优势造成的利益分配格局和力量格局。然而，网络空间标准和协议的制定是由非政府组织及私营机构而不是政府等传统公共权威机构完成的，在互联网工程任务组等技术社群组织中，来自私营企业的代表有很大影响力。因而，在治理过程中就会产生一系列难题：这些标准和协议代表哪方利益，体现什么价值观？标准和协议的公共性如何反映在其设计过程中？这些标准和协议制定者行使职能的合法性从何而来？

除了以上这三类行为需要规范，其他普通网络参与者和网络使用者的行为也需要规范，尤其是社交媒体的影响力扩大之后，每个个体都被平台赋权了，成为信息的制造者和传播者，如何规范这些个体在网络上的消费行为、传播行为和内容生产行为也是需要治理的关键议题。

第三章

网络空间多元治理的社会结构基础：
行动者之间的复杂关系网络

社会网络①最初是一种隐喻，用来比喻社会关系或社会要素之间的网状结构。英国学者阿尔弗雷德·拉德克利夫－布朗（Alfred Radcliffe-Brown）最早使用了"社会关系网络"的概念来说明社会结构，并将人与人之间的一切关系当成社会结构的一部分。20世纪50年代，在哈佛大学哈里森·怀特（Harrison White）等学者的推动下，社会网络理论快速发展并得到广泛运用。后来这一理论逐渐从一种隐喻发展为实质性的网络结构理论，也被很多学者作为一种专门研究社会结构的研究方法来使用，即社会网络分析法（Social Network Analysis，SNA），与传统的类别属性研究路径不同，这一方法不仅关注行为体本身的属性，还着眼于行为体的位置及相互关系，将社会网络视为一种持续的互动关系，通过研究网络关系，将个体间的关系、微观网络与宏观的社会结构结合起来。巴里·威尔曼（Barry Wellman）提出的社会网络概念是目前学术界认可度比较高的，他认为"网络"是联结行动者的一系列社会关系，它们相对稳定的模式构成社会结构。②

---

① 此处的"网络"不是第一章中研究的技术意义上的网络，而是社会学中一种描述关系、连接、结构和互动变化的方法。

② 参见李艳《社会学"网络理论"视角下的网络空间治理》，《信息安全与通信保密》2017年第10期。

社会网络理论的核心内容包括以下三个方面：一是强弱关系理论，主要研究主体间关系强度的大小在不同行为体之间发挥的不同作用。这一理论将关系分为强关系和弱关系，并认为不同关系对主体的作用不同，弱关系为组织之间建立了纽带联系，而强关系的作用是维系组织的内部关系，从而维系了社会系统的稳定。强关系网中"重复的通路较多"，会导致信息的重复流动。相反，弱关系分布的范围广，信息重复较少。① 网络空间治理各主体间的互动关系也存在强关系和弱关系，不同关系在资源整合和信息交换方面的作用不同，可以借助这种分析框架探讨不同互动关系对多层、多元立体多维治理机制建构过程的影响。二是结构洞理论，主要研究主体间的相对位置结构，讨论两个或两个以上的行动者和第三方之间的关系所表现出来的社会结构，以及这种结构的形成和演进模式。社会结构可以分为"无洞结构"和"结构洞"两种形式，"无洞结构"是指社会网络中的任何个体与其他个体都存在联系，他们之间不存在关系间断的现象，因而整个网络是相互连接的。"结构洞"是竞争环境中主体间的间断或非对称关系，即某个行动者和有些行动者之间彼此联系，但又与其他行动者不发生直接联系，他们之间必须依赖第三方行动者的中介作用才能产生联结，整体网络结构中出现了洞穴的情况。② 因而，"结构洞"理论强调了第三方行动者因占据核心位置而获得的优势地位。总之，强弱关系理论讨论的是关系双方的互动，"结构洞"理论则揭示了第三方相对于其他两方而言，从网络结构位置中获取的"洞效应"（Hole Effects）。③ 美国是网络空间中占据最多"结构洞"的国家，而数字平台是占据"结构洞"最多的企业，这一理论对于本书讨论美国及核心数字平台在协同治理过程中的特殊作用

① Granovetter M., "Economic Action and Social Structure: The Problem of Embeddedness," *American Journal of Sociology*, Vol. 91, No. 3, 1985, pp. 481–510.

② Ronald S. Burt, *Structural Holes: The Social Structure of Competition*, Cambridge: Harvard University Press, 2009, pp. 24–40.

③ 李艳：《社会学"网络理论"视角下的网络空间治理》，《信息安全与通信保密》2017年第10期。

提供了理论基础。三是社会资本理论。主要通过"社会资本"来反映各主体对于结构的影响力大小。所谓社会资本就是期望在市场中获得回报的社会关系投资，是在目的性行动中被获取的或被动员的、嵌入在社会结构中的资源。[①] 在社会网络中，相关主体社会资本的数量和"异质性"决定了其在网络结构中的地位，从而决定了其影响力。简言之，一个主体的社会网络规模越大、异质性越强，其社会资本越丰富；反之，其社会资本越多，获取资源的能力也就越强，以其为中心的社会网络规模也就越大，二者相辅相成，相互促进。网络空间治理中，不同治理主体治理能力和治理效果的差异，可以从不同治理主体所掌握的社会资本进行探究。数字平台作为中介性组织，其连接的社会网络的丰富性为其进行规制奠定了基础。

网络空间是个复杂多变的系统，并且天生具有"网络结构"属性，因而在研究它时，可以借鉴社会网络理论。政府、私营部门和公民社会之间是相互依赖的，它们之间的互动关系网络是资源传递和信息流动的渠道。因此，可以尝试运用"节点""结构"与"关系"来解析复杂网络空间条件下这三者的行为及其互动关系，进而确定他们在网络空间治理中的角色和作用。多元主体以各自的组织、平台和渠道为依托履行各自的职责和实际功能，这一过程所形成的独立主体行为和对网络空间产生的制度影响正逐步融入网络空间的发展过程中，它们为网络空间治理的有效实现创设了生存空间，从而将"社会自组织治理"和"市场契约治理"置于实现网络空间治理的重要位置。尽管政府、私营部门与公民社会在网络空间治理的很多方面都存在着相互矛盾甚至相互对立的治理诉求，但无论是从理论还是现实的视角出发，合力互动的协同在网络化结构特征明显的复杂网络空间治理中是必需的。

多元主体之间在具体情境中的互动所孕育的合作意向，在很大程度上能催生出协同治理的正效应。因此，理顺各主体之间的互动关系，有

---

① ［美］林南：《社会资本：关于社会结构与行动的理论》，张磊译，上海人民出版社2005年版，第126页。

效协调各方力量，是网络空间协同治理的核心性要点。

第一节　网络空间治理中政府、私营部门和公民社会内部的互动关系

前文已将网络空间治理主体行动者划分为三大类，即政府、私营部门和公民社会，并对各种主体行动者的性质、角色以及职能进行了相关论述，接下来主要从系统内部与系统之间两个维度来阐述各主体之间的互动关系。

网络空间治理主体的多元化决定了主体间关系的纷繁复杂性，这就需要我们通过考察各类行为主体的类型、驱动力、权力流向、治理形式和相互关系等一系列内部逻辑，来寻找多元主体间协同合作的外生困境，为其探寻可能的解决方式的同时，为多元协同治理提供具体的实践形式。

表 3 - 1　　　政府、私营部门和公民社会的内部关系对比

主体类型	驱动力	治理形式	协同方式	相互关系
国家政府	权力	科层治理	谈判协商	博弈＋竞争
私营部门	利润	契约治理	利益协同	优化＋竞争
公民社会	价值宗旨	自组织治理	互惠协同	志愿＋竞争

资料来源：笔者自制。

（一）博弈竞争关系

这种关系主要存在于网络空间治理中的各国政府以及政府间国际组织之间。第一类博弈竞争出现在美国及其盟国与其他国家之间。博弈分歧点集中于治理模式和治理价值观。在网络空间治理实践中，美国及其盟国一直倡导网络的自由和开放，保护用户隐私，反对严格的互联网过

滤和审查制度，并力图维持网络空间治理的现有多利益相关方模式，因而存在共同的安全利益和价值观利益。而其他国家虽认同互联网自由和开放的价值，但认为各国的国情不同，对特定内容的审查和过滤有利于国家安全和社会稳定，反对不顾具体情景的抽象意义上的网络自由。而且，美国及其盟国倡导网络自由和多利益相关方治理也是他们维护和拓展自己的技术优势及其带来的既得利益的方式，不利于治理现状的突破，这引起了其他国家的不满和质疑。布达佩斯《网络犯罪公约》（*Cyber-crime Convention*）的签署进程就明显体现出这种存在于美国及其盟国与其他国家之间的竞争博弈关系。《网络犯罪公约》是国际社会第一个控制网络犯罪的国际公约，旨在通过建立有效的国际合作，形成网络空间中对于网络犯罪的有效控制，由于是美欧主导的框架，而且其内容涉及了相互提供搜查信息和引渡犯人等内容。因此，中俄等国并没有加入，① 目前其成员仅限于欧洲 26 国和美国、日本、加拿大以及南非共 30 个国家。

第二类博弈竞争存在于美国和其他国家之间，分歧点是美国在网络空间的主导地位及其对互联网名称与数字地址分配机构等治理组织的实质控制。美国是互联网的发源地，其技术优势和治理历史实践在客观上决定了其先发优势和主导网络空间治理的现实。美国政府制定了大量国际技术标准、产业和行业规范，大力推动信息技术的发展，此外，美国几乎控制了互联网标准制定和管理的绝大多数跨国公司和国际组织，并一直不愿将相关管理职能国际化或交由联合国专门机构管理。但是，网络空间的发展需要多元、分散化的权威，美国在网络空间的绝对主导地位受到来自其他国家和国际组织的质疑，各国围绕 IP 地址分配、互联网域名注册与解析及其十三台根服务器的控制权等议题展开了激烈的博弈和斗争。中国、俄罗斯、印度、南非、巴西等国家一直反对美国对 ICANN 的垄断性控制，希望网络空间的全球治理进程能体现多元化的

---

① 蔡翠红：《国家—市场—社会互动中网络空间的全球治理》，《世界经济与政治》2013年第 9 期。

声音和利益，发挥联合国和国际电信联盟等传统国际组织的治理影响力。[1]

第三类博弈竞争存在于网络发达国家、网络新兴大国和网络发展中国家之间。这是基于国家规模和实力及其发展阶段的不同而产生的竞争和博弈。[2] 在网络空间，网络发达国家都是现实世界中经济和科技发达的国家，他们是先期加入者，不仅获得了网络发展的早期红利，也拥有比发展中国家更多的技术优势和网络权力，进一步维持了现实世界中的相对优势，使发展鸿沟以数字鸿沟的形式继续存在并不断加大。然而，网络技术在具有网络增效的同时，也有权力分散的功能，虽是网络空间的后来者，但是网络空间的发展已经使发展中国家的重要性与日俱增，他们是新增网络用户和网络市场的主要来源，其所拥有的域名、网页、用户等互联网资源已经超过了信息发达国家，也是网络空间治理的核心区域。从用户统计数来看，网络使用者的扩展有向南和向东转移的趋势，网络新兴国家已成为新增网民速度最快的地区和网络技术创新的活跃地区，[3] 但他们在网络空间治理中的代表性和话语权却很低。因此，网络发展中国家和新兴国家对现有网络空间治理机制的合法性和有效性提出了质疑，正依托各种平台争取网络空间更多的平等对话和参与治理的权力。

（二）优化竞争关系

这种关系存在于网络空间治理进程中的私营部门之间。私营部门作为创造利润的市场主体，是网络空间中"市场要素"的代表，其相互间关系遵循市场主体之间基于产品和服务的竞争关系。现代企业越来越关注其社会责任，然而无论它们在其他领域外溢出任何形式的功能性效

---

[1] Malcolm Jeremy, *Multi-Stakeholder Governance and the Internet Governance Forum*, Australia：Terminus Press，2008，p.319.

[2] 蔡翠红：《国家—市场—社会互动中网络空间的全球治理》，《世界经济与政治》2013年第9期。

[3] Ronald Deibert and Rafal Rohozinski, *Contesting Cyberspace and the Coming Crisis of Authority*, Cambridge：MIT Press，2012，pp. 25 - 27.

应，其首要特征仍然是经济行为体，追逐利润是其首要原则。而利润来源于市场主体通过竞争满足多元化的消费需求，在此过程中，他们需要拥有更具影响力的品牌、更大的市场份额、更先进的技术和更大的话语权，故而各主体间存在激烈的竞争关系，正是这种竞争关系的存在，才使各类私营部门有了参与网络空间治理的意愿和动力。

私营部门在网络空间治理中扮演的角色主要集中在几个方面：首先，提供全球信息基础设施资源，而这是网络空间形成的基础。从硬件、软件到各类应用和平台都掌握在各种企业手中，美国的思科公司垄断了路由器和网络交换机的市场，亚马逊公有云（AWS）占据了40%的云计算市场份额，而微软和英特尔则是全球最有影响力的个人计算机硬件和软件提供商。这些企业追逐利润的市场竞争行为决定了用户的选择范围，进而影响着被社会广泛使用和推广的技术类型和网络空间的发展方向，这是私营部门掌握技术权力和市场权力的体现，也是他们参与网络空间治理的权威来源。其次，提供行业标准。行业标准是网络空间治理中的核心组成部分，而其中起到至关重要作用的便是大型跨国公司。微软和英特尔共同合作，通过软硬件的搭配和捆绑创建了"温特制"（Wintelism）。所谓温特制，就是英特尔的微处理器和微软的计算机操作系统在个人电脑产业上搭配组合形成的结构性权力，[①] 这种机制不仅能通过控制行业技术标准来发展自身，还能限制竞争对手。"温特制"是以企业掌握的信息技术为基础，利用企业掌握的强大信息网络和广阔市场份额，以新的商业规则和产品标准为核心，整合、控制全球资源，使得产品以模块方式在最有效率的地方进行组合，进而产出最高价值和利润的一种生产流程。"温特制"的核心竞争力就是技术标准，企业通过及时的技术更新率先在市场中创建"事实标准"，通过企业战略将这些"事实标准"变成行业"通行标准"，并通过知识产权制度将这些标准专利化，这样就可以占据产业竞争的最优位置，使自身利益最

---

① 杨剑：《数字边疆的权力与财富》，上海人民出版社 2012 年版，第 114 页。

大化，还能限制竞争对手。标准的制定和实施中蕴含着竞争和协同共存的思维模式，如果一项标准不能得到绝大多数行为体的认可，则不能发挥其价值，从这一点上讲，私营部门存在彼此之间协同发展的内在动力。最后，提供行业规范和用户行为规范。各企业之间会通过竞争、谈判等形式形成一些规范企业行为的总体规范，以保证行业的健康持续发展，这些规范构成了网络空间治理规则的一部分。此外，互联网企业还会通过用户协议等形式，规范网络使用者的行为，这是企业参与网络空间治理的重要组成部分，也是其规范用户行为、构建与用户关系的常用手段。用户协议是企业与用户之间，就用户接受企业所提供的特定服务时双方构建的法定合同关系。一般来说，用户协议需要在用户明确点击"确认"或"接受"后对双方正式形成法律上的约束力。也就是说，各类用户协议是各种网络活动进行的前提，起着规范大部分网络行为的制度作用。通过对用户协议内容全面仔细的设计，企业可以向用户说明其提供服务的内容、相应服务风险的分担方式、企业自身的权利声明以及对用户的义务要求，因而就可以实现对用户行为和预期的规制。

利润性是私营部门区别于政府和公民社会的本质所在，利润驱动成为私营部门内主体间持续互动的长久动力，利润不仅能推动私营部门之间竞争的积极性，还可以促成利益协同机制的产生和持续发展。因此，企业之间围绕着标准、行为规范和产品的竞争已经成为常态，而基于利益关系存在的契合点，又使各主体之间形成了良性的竞争互动关系。

（三）志愿竞争关系

公民社会由具有共同价值和思想意识、追求共同利益的组织和个人组成，其从事的活动大多是非营利性的，可以为网络空间提供直接或间接的公共服务和公共价值。

公民社会的基础和主体是公民社会组织，它不同于传统的社会团体，不是建立在地缘或血缘联系的基础上，也不以营利为目的，并且也不具有强制性，而是社会成员基于共同信仰或利益而自愿结成的社会组织。所以，其组织是志愿性质的，各组织之间可能会分享共同的价值观和公益目标，成员也有交叉参与的情形。互联网工程任务组是一个开放的大型跨国民间团体，会集了与互联网运作和互联网架构设计相关的工程师、科学家、学者、投资人等多种人群。IETF 讨论并推动很多互联网技术规范成为公认标准，但它仍有别于像国际电联（ITU）这样传统意义上正式的标准制定组织，其参与者都是志愿人员，他们主要是通过每年召开三次会议来完成自己"组织鉴定互联网的运行和技术问题，并提出解决方案"的使命。①

此外，公民社会是由公民群体和非政府组织等构成的跨国社会组织，其成员身份、组织形式、地缘特征和经费来源等均存在巨大差异和分歧，各组织之间由此形成了复杂的竞争合作网络关系。由于是志愿性组织，公民社会组织系统内并不存在绝对的权威，因而各方互动的基础既不是基于利益的竞争，也不是基于权力的斗争，而是基于对非强制性权威的分享，通过共同参与公共活动和互换资源，形成相互依赖的网状关系。公民社会组织在网络空间治理的过程中，既追求自身的发展，也推动公共利益的实现，彼此间既有利益的碰撞，也有目标和价值观的分歧，存在着竞争关系。

第二节　网络空间治理中政府、私营部门和公民社会之间的互动关系

网络空间治理多元主体间的互动关系，不仅包括各系统内部相同性质的组织机构和个人间的互动，还涉及各类异质性主体间的互动，而各异质性主体在追求的目标、拥有的社会资源和利益的诉求等方面均存在差异。

---

① IETF，"Introduction to the IETF，" https：//www.ietf.org/about/introduction/#mission.

一　网络空间治理中政府与私营部门之间的互动关系

（一）政府和私营部门之间的竞争博弈关系

自第三次科技革命以来，在互联网的网络效应下，一些全球领先的互联网公司，已经触及全球越来越广泛的地区和领域。在自身规模、分工协作、价值创造和规则制定等多个方面，都已远远超出过去传统公司的角色和功能。其和政府之间的关系也深刻影响着网络空间的全球治理。

在网络空间的协同治理过程中，政府与私营部门之间的利益和权力博弈非常复杂，既有非合作博弈，也有合作博弈，尤其是前者更为明显，其主要分歧点是国家是否介入治理，以及应该在多大程度上介入。对国家而言，基于网络空间重要性不断上升的现实，以及从自身利益出发，介入对网络空间的治理是必需的。然而，私营部门则倾向认为，网络空间是不同于现实世界的虚拟空间，国家主权在其中的权威应该受到限制。在政府尽力跻身网络空间治理的同时，私营部门则力推技术治理和行业资质。基于互联网基础服务目前主要还是由私营部门运营的背景，它们认为，行业内自治和自我规制应该成为网络空间治理的主要特征。

在网络空间治理中，能发挥关键作用和影响力的私营部门主要是大型互联网和信息通信业跨国公司：网络接入服务商、网络内容服务商、网络交易服务商、基础软硬件提供商等。如美国的 Verizon、韩国电信公司（Korea Telecom）、中国电信等电信运营商；谷歌、百度等信息服务商；阿里巴巴、Airbnb、亚马逊等电商，以及 Meta、Twitter、腾讯等社交服务商；苹果、微软、华为等软硬件提供商等。由于掌握着对互联网运作的超强控制能力，互联网企业成为承担网络空间治理任务的重要主体之一，它们和政府之间的对立竞争关系主要体现在以下三个方面：

1. 治理与被治理的身份对立关系

网络空间中的政府、私营部门和公民社会具有双重属性，不仅是治理的主体，同时也是需要被治理的对象，因而，网络空间的全球治理不仅要治理物理基础设施和标准、协议等物质性因素，更要治理各行为主体的行为及其之间的关系。从这个视角而言，政府与私营部门之间存在身份的不对等，无论私营部门是国内企业还是跨国公司，身份不对等的情形都存在。政府作为监管方与网络企业之间进行着长期反复的监管博弈，政府掌握着合法使用暴力的权力，可以通过立法等强制手段对私营部门的行为进行监督和管理、收取税收，与此同时，政府的法律和税收等政策也塑造了私营部门的行动范围和决策的宏观环境。私营部门作为市场主体，即使是从事网络业务，遵守当地法律、接受当地政府的监管仍然是其义务和生存的前提。然而，减少甚至摆脱政府监管，也一直是包括互联网企业在内的所有企业一直在努力做的事情，尤其在网络空间中，由于存在严重的信息不对称，企业掌握了更多的数据资源和先进技术，这种博弈的程度更为激烈。

2. 利益分歧

由于身份不一样，政府和私营部门在网络空间治理的过程中追求的利益类型也不一致，政府的利益追求是综合性的，需要在多种利益之间追求平衡，既要实现税收、技术创新等经济利益，又要追求国家安全和政治稳定，也要保证适度社会公平。而私营部门追求的利益相对单一，一切以利润最大化为主，这造成了二者在治理过程中会产生不同的行为逻辑。互联网企业作为理性经济人，在追逐利润的过程中，为了降低生产成本和实现利润最大化，有逃避政府管理和社会责任的强烈动机与倾向。

3. 权威分享

信息网络技术降低了技术利用及市场准入的门槛和沟通成本，有平衡不同行为体力量的作用。因此，在数字时代，权力正在朝着两个方向发展：权力的转移和权力的分散，但无论是权力的转移还是分散，都意味着在国际关系中，和政府分享舞台的行为体在变多。而在网络空间中，私营部门和政府分享权力的情况正在变得越来越多，网络空间的全球扩展，会进一步弱化一国政府运用本国经济、政治、技术、军事和其他资源实施国内外政策的自由度和权力。"互联网分散、开放和全球互联的特性使得由国家对其有效施行自上而下的管理变得异常困难"①，这是因为国家基于属地管辖的传统权威与没有地理边界的网络空间之间存在着结构性张力，国家的集中管理与互联网分散化的内在结构间形成了不可调和的矛盾，这限制了单个国家的权力广度和有效性。因此，在网络空间中，单个国家越来越难以胜任对其进行有效治理的任务，这主要源于网络在国家之上塑造了一个跨国网络空间，而在国家之下又塑造了一个次国家的网络空间。在跨国空间中，社会组织和高度网状组织化的跨国公司具有更大的优势，而在次国家的空间中，建立在技术赋权基础上的权力累加赋予了民众自治的能力和资源。

（二）政府和私营部门之间的合作互动关系

政府和私营部门之间的合作博弈主要体现在以下两个方面：

首先，政府制定战略、政策和法规，而私营部门负责具体的实施和落地，并提供政策实施过程和结果的反馈，以改进政策及法规。政府主要通过签订国际条约和协定、国内立法以及建立正式的规章制度来规范国内外企业的行为，以维护国家利益和增进社会福祉。当企业自觉遵守法律和政策，甚至自觉履行合理的社会责任时，企业与政府的目标是一致的，因而会形成有效的集体行动，即在某种程度上实现了一种合作博弈状态，最有代表性的案例是欧盟《一般数据保护条例》的颁布和实施。随着谷歌、亚马逊、推特等超级数字平台的崛起，数亿乃至数十亿全球用户不断向科技巨头集聚，与此同时，不受约束的权力导致了"数据霸权"，用户数据和隐私被大量收集、分析、销售乃至窃取，于是，欧洲议会于2012年1月提出要改革欧盟数据保护法规，2016年4月《一般数据保护条例》（GDPR）顺利通过，但设置了两年的过渡期。GDPR大幅拓展了对"个人数据"的定义，不但包括姓名、身份证号

---

①　Virginia Haufler, *A Public Role for the Private Sector: Industry Self-regulation in a Global E-conomy*, Washington, D. C.: Carnegie Endowment for International Peace, 2013, p. 82.

码、电话号码、定位数据、网络 IP 地址等直接信息，还包括指纹、虹膜、医疗记录、心理、基因、经济、社会身份等能间接识别到身份的信息。此外，GDPR 还设立了"属地管辖＋属人管辖"的原则，任何在欧盟设立机构的企业，或者向欧盟境内提供产品和服务的企业，在处理欧盟数据主体（欧盟公民）的个人数据时都应当遵从该要求。比如，欧盟消费者在中国某电商注册并购买商品或服务，该电商和店主就必须遵守 GDPR。在 GDPR 支持下，欧盟公民享有对自己数据的更广泛的权利，如获取权、修改权、被遗忘权和可携权。在 GDPR 实施后，为了做到在 GDPR 下合规，各类跨国公司都改进了其信息保护措施。例如，中国东方航空公司为了保护旅客信息设立了"数据保护官"；作为中国全球化程度最高的企业之一，华为除了早前就已设立的全球网络安全与用户隐私保护委员会，还专门任命了欧盟"数据保护官"。

其次，共享治理资源。在网络空间治理中，数据是重要的战略资源，能提高治理的效率和精准度。政府和私营部门都是大数据的重要拥有者，但他们所拥有的数据类型存在差异，因而，互相共享数据资源的意义重大。目前，关于市政交通、消防安全、传染病防控和舆论宣传等传统上由政府负责的社会治理和安全问题，将越来越依赖于大数据和云计算，而增量数据资源中的绝大部分会产生和积累于新型数字平台企业中，并且这些平台企业不论是在存储能力上还是运算能力上都远胜于政府机构。一方面，政府想要更好地行使这些社会治理和安全保障职能，就会越来越依赖于数字平台企业。另一方面，从长远来看，能力与责任、权利与义务往往是相伴随的，这些数字平台企业也会或主动或被动地参与到上述公共治理活动中来，行使一部分过去专门由政府行使的职能。如果在这一过程中，政府的数据共享开放给私营部门，可以大幅度激活社会和个体的活力，降低企业参与治理的成本；同时，企业数据共享开放给政府，可以使政府在监管、公众服务以及科学决策方面都享受到流动数据产生的创新价值。2015 年年底，阿里巴巴集团成立了 2000

多人的专门平台治理部，并和政府共享了部分数据。① 中国政府把一些许可的数据和黑名单共享给了阿里巴巴，降低了他们的假货治理成本，同时，阿里巴巴也把平台上发现的违规商品信息，反馈给相关政府部门，为政府治理创新提供了更高质量的数据。阿里巴巴与政府机构在数据共享方面还有很多实践，比如阿里巴巴集团和国家认监委合作，导入了"云桥"认证认可信息共享平台，共享了数据信息。

二　网络空间治理中政府与公民社会之间的互动关系

政府与全球公民社会的关系在此处指的是主要国家的政府、政府间国际组织和在网络空间治理中发挥核心作用的非政府组织之间的关系。与国家及其衍生行为体聚焦于网络空间治理中国家权力的回归和维持或者改革现存国际机制不同，全球公民社会更具变革精神，力图以新方式和新路径解决网络空间的治理问题。总体而言，政府与非政府组织之间主要是通过"服务替代"实现互动博弈，提供多元化网络空间治理公共产品。所谓"服务替代"，是指原本需要由政府提供治理公共产品，但非政府组织却拥有优于政府的比较优势，基于产出效率的需求和治理实践过程中的博弈，政府成了协助者和服务监督者，而非政府组织则以替代者的角色承担政府让渡出来的治理职能，二者通过合作博弈实现网络空间的善治。根据治理权力让渡方式的不同，可以把政府与非政府组织在服务替代模式下形成的互动关系分为以下三类：

（一）合作和协助关系

在这种关系模式下，它们都支持网络空间治理的主体多元化，政府和公民社会组织有相似的治理目标，在治理策略的选择方面，也有较高的共识，信息能够在各方之间自由流动，形成相对良性的互动过程。在网络空间治理的技术领域，政府和非政府组织对于技术上保障网络互联互通和稳定发展的价值具有共同的认知，对于以非政府组织为主导创设

---

① 阿里巴巴：《2016 阿里巴巴平台治理年报》，2017 年，https://ipp. alibabagroup. com/infoContent. htm？skyWindowUrl = news-20170331-cn。

出来的互联网标准和协议，各国政府也持积极的支持态度，因而，在这一领域政府和非政府组织之间形成了相对顺畅的协助和合作关系。

（二）对抗关系

在网络空间治理中，政府和公民社会组织对治理的价值、目标和方式存在不同的认知，认为对方的意图和行动对自身造成了威胁，政府倾向使用其强制性权力，而公民社会组织并不认同政府的治理权威，对抗关系就此产生。网络空间中互联网名称与数字地址分配机构、互联网工程任务组等非政府组织主要由全球各国的技术精英组成，他们认为网络空间是基于信息技术产生的一个区别和独立于政府之外的虚拟空间，有助于全球公民社会的产生和发展，国家的超级权威会侵犯网络空间中的公民隐私权和网络的自由和开放属性。因而，超国家的政治认同和网络空间的自治是他们的一贯诉求。[①] 这种对抗关系一方面体现了政府和公民社会之间的不同价值追求，另一方面也体现了技术精英与政治家之间的权力争夺。政治家往往从社会稳定和政治体系良性运行等组织运行角度要求对网络技术的负面影响加以控制，是基于合法性的强化意识形态的治理，而技术精英追求的是一种去意识形态的基于效率的治理，并以管制阻碍技术进步为由来抵制政治家的权力对这个领域的渗透。[②]

（三）互补关系

在此种情形下，政府和公民社会组织虽选择了不同的治理路径和方法，但治理目标却是一致的。互补关系的存在主要基于各自具有的比较优势，从而实现了资源的双向流动，在目标契合的基础上，各方运用各自不同的手段完成共同的治理目标。网络空间安全治理中，各方都希望能防止网络犯罪、网络恐怖主义和网络战等威胁网络安全的行为，但非政府组织更擅长和偏好于以技术手段来实现攻击溯源和安全防御，但政

---

① Liv Coleman, "We Reject: Kings, Presidents, and Voting: Internet Community Autonomy in Managing the Growth of the Internet", *Journal of Information Technology & Politics*, Vol. 10, No. 2, 2013, pp. 171 – 189.

② 蔡翠红:《国际关系中的网络政治及其治理困境》,《世界经济与政治》2011 年第5 期。

府则更擅长于战略制定、外交谈判和经济合作等各种综合手段，如果能够实现有效协调，这种互补关系将发挥强大的治理效用。

三　网络空间治理中私营部门与公民社会之间的互动关系

一方面，私营部门与公民社会之间是生产者和消费者的关系，存在利益的联系；另一方面，私营部门是公民社会产生的重要原因。自发调节的市场会失灵，从而会给社会带来破坏性的后果。正是因为政府的缺位和市场的不足，社会意识逐步觉醒而形成了自我治理的社会，公民社会由此而生。互联网推动了社会动员和沟通的便利化，事实上压缩了空间对组织活动的负面影响，推动了公民社会突破国家边界的束缚，形成了全球公民社会（Global Civil Society）。在网络空间中，全球公民社会更是找到了越来越多的力量源泉和活动空间，网络以"关系赋权"的方式赋予了社会组织和个体以力量，使他们由被统治者转变为网络空间治理的主体。约瑟夫·奈和罗伯特·基欧汉认为，全球化造就了各种非政府行为体的扩散，它们期望在全球治理结构中参与到与自己休戚相关的治理领域之中。① 在公民社会积极参与网络空间治理的过程中，他们和私营部门之间的互动关系也有了新的发展变化。

（一）私营部门塑造公民社会发展的土壤

罗伯特·考克斯（Robert Cox）曾提出，世界秩序变革的基础是生产方式的变革，由跨国公司主导的全球生产结构的转型必将影响全球秩序的建构。的确，跨国互联网公司在全球的布局塑造了一种全新的国际生产关系，不仅培养了跨国的组织结构和意识，还培养了大量专业技术人员，并促成了众多虚拟社区的形成，成为与网络空间相关的公民社会发展的重要助推力。

（二）资金和人员在私营部门和公民社会之间的流动

大量在网络空间治理进程中发挥核心作用的组织都是非营利性的，

---

① ［美］罗伯特·基欧汉、［美］约瑟夫·奈：《多边合作的俱乐部模式与民主合法性问题》，载罗伯特·基欧汉、门洪华编《局部全球化世界中的自由主义、权力与治理》，北京大学出版社 2004 年版，第 254—255 页。

其活动资金除了来自会员的会费，也有来自各企业的捐赠和资助，如 IETF 每年的会议费用有时是由承办企业负责的。此外，互联网工程任务组、ICANN、国际互联网协会（Internet Society，ISOC）等是网络空间治理中的重要组织，发挥着重要作用，而这些组织和企业间的联系非常密切。IETF 是全球互联网领域最具权威的技术标准组织，主要负责互联网相关技术标准和规范的研发和制定，当前，绝大多数国际互联网技术标准都是由 IETF 负责制定出来的，但其组织架构是开放式的，成员来源广泛，主要是为互联网技术发展作出贡献的专家，包括网络设计人员、操作员、厂商、公司、组织、政府及大学等，来自各大型互联网企业中的员工同时也是这些组织中的活跃分子。因而，私营部门和公民社会组织仅在成员方面就有非常多的交叉重叠现象，这为他们之间的联系和沟通奠定了基础。

（三）项目开发与合作

跨国互联网公司在技术标准制定和教育培训等项目的开发和实施中都越来越倾向于和非政府组织合作，这样既能优势互补、提高项目开发和实施的效率，也有利于企业信誉度的提高。与政府及政府间国际组织相比，公民社会组织在网络空间治理的项目实施过程中，灵活性更强，效率更高。因而，私营部门更愿意通过分包合同等方式，将操作性的任务交由一些公民社会组织负责，这些组织通过缔结协议和签订合同的方式承担提供特定产品和服务的工作，彼此之间形成了一种合作关系。

（四）私营部门和公民社会之间的对立和斗争

在利润驱动下，私营部门会产生对利益和市场占有率的无限追求，从而造成垄断、技术保护、跨国经济霸权以及数字鸿沟过大等问题，公民社会对私营部门可能造成的这些问题存在价值限制和技术限制。比如，针对有些企业越来越严格的专利保护趋势，一个主要由程序工程师及其他网络用户参与的开放源代码运动越来越声势浩大。此外，私营部门和公民社会之间还会基于治理权威的分享而存在对立关系，尤其在标准的制定和发布等方面。

四　网络空间治理中政府、私营部门和公民社会之间的三方互动

　　网络正在不断变革着国际政治的传统规则，"国家—市场—社会"的三维互动框架衍生出了新的关系结构和权力结构，从而在网络空间中推动了新的治理关系和治理结构的形成。作为网络空间治理的主体，政府、私营部门与公民社会是治理主体的三种基本角色，但他们之间的简单直接相加并不会提高网络空间治理的有效性。所以，建立起网络空间各治理主体之间的动态互动平衡关系是网络空间全球多元协同治理的基础，三者的互动网络关系不仅影响着公共产品的供给形式和供给状态，还将各方嵌套在网络结构中，通过共同的治理目标、合作意愿、嵌套的利益和有效的规则促使各方通过博弈实现对各方都有利的公共治理目标，并在此基础上追求差异化的个体利益。网络关系将各主体连接在一起，并根据主体的属性和比较优势，使得各主体在网络空间治理中担任恰当的角色，发挥最佳的影响力，其本质是互为支持、互为牵制、互为导向，最终形成相互依赖和协同的关系。

　　行为体的属性、社会资本及其具有的比较优势决定了彼此之间的关系类型。所以，探寻政府、私营部门和公民社会的突出特征，并判定各自的相对优势是确定他们之间关系的基石。在网络空间治理中，政府是权力理性的主权者，处在各利益相关者交织的网络中，其核心职责就是协调各利益相关者之间的利益关系，让网络空间健康有序地发展。它行使着监管的职责，有权发布法律和规章制度、签订各类国际协定和条约，其拥有的资源是政治性权力和财税资源，并可以通过各种关系网络和渠道使这种权力和资源流动到私营部门和公民社会手中，由此，便形成了三者之间围绕着政治权力的复杂互动关系。私营部门是追求利润的经济行为体，通过市场竞争获得了大量资源，他们是治理标准和新技术的创造者，公共利益和私营利益之间的平衡是其最大的考验。政府和公民社会围绕着数据所有权的归属、治理权威分享的合法性等方面与私营部门展开了激烈的竞争。而公民社会是利益平衡者，从资源拥有的角度

而言，公民社会最不具有竞争力，既没有政治性权力，也缺乏私营部门那样的经济资源，但在信息化和全球化形成的广阔网络公共空间中，他们往往承担着很多政府和企业的治理责任，发挥着很多过渡性的作用，直接或间接地将各方力量连接起来，形成一个内容和强度不同的复杂主体关系网络，并使得这些不对称的关系网络能促进社会资源的流动，并相互作用和互惠。

所以，总体而言，在网络空间治理结构中，以跨国互联网公司为代表的全球市场力量和以非政府组织为代表的公民社会对民族国家的优势地位并不代表主权国家及其政府在网络空间治理中作用的削减，跨国公司和非政府组织的结构性权力只是推动形成了以民族国家为主导的、权威相对分散的另一种治理秩序形态，国家在网络空间治理秩序中依然是重要的行为体，只是它需要与其他行为体分享权力，在部分技术性治理领域，甚至要甘当配角。此外，跨国互联网公司在全球的信息服务和技术优势一方面将进一步促进网络空间的技术进步和全球互联，为网络空间建立起更多的标准和规则；另一方面，也会造成马太效应和跨国意识形态，使国际数字鸿沟问题越来越突出。有学者将数据比喻为工业时代的石油资源，但数据其实比石油资源更具价值，石油只是物质性资源，随着使用其价值也一并消失，而数据则可反复使用，并且会使数据的拥有者掌握全面的用户行为动向，对国家的安全而言更具威胁性。因此，在网络空间中，跨国互联网公司可以依靠其优势形成新的"跨国霸权"（Transnational Hegemony）或垄断地位，并由此造成诸多负面效应，而政府和全球公民社会是重要的限制性力量。

"国际行为体间的关系互动产生了国际社会的过程动力，帮助行为体形成自己的身份、产生权力、孕育国际规范。"① 在网络空间治理进程中，政府、私营部门和公民社会之间及其内部形成了错综复杂、相互嵌套的不对称关系，在以获取稀缺资源为目的的竞争行为的推动下，这

---

① 秦亚青：《国际政治理论的新探索——国际政治的关系理论》，《世界经济与政治》2015 年第 2 期。

些关系促使治理主体之间形成了非随机的互动网络，这个网络是形成网络空间治理规范和机制的基础。非随机性指的是这个互动网络中的关系不是均匀分布的，而是有强弱之分，甚至会形成"结构洞"，这为各类治理主体通过不同路径以不同方式参与治理，并发挥差异化的治理作用奠定了基础。

第三节　网络空间治理的行动者网络结构

一　主体行动者网络：多层博弈基础上的合作

在网络空间治理实践中，私营部门主导着技术的创新和标准的制定，掌握着市场权力和技术权力，以 ICANN、IETF 为代表的公民社会组织不仅长期以来主导着互联网的治理实践，其中不少成员还是早期互联网的缔造者，也拥有治理的合法性和权威性，而政府作为所有社会事务的最终管理者和直接利益相关者，不仅掌握着丰富的治理资源，还存在很高的法理合法性。因此，网络空间治理中存在多元的权威中心，包含政府、私营部门及公民社会的多中心治理是可能的。而政府、私营部门和公民社会又包含了不同层级、不同实力和不同大小的子类，在不同的治理议题上，各大类之间以及各子类之间又都存在着竞争博弈和合作。基于此，在网络空间治理机制中，首先要强调治理主体之间形成的多层次博弈基础上的复杂竞争和合作互动网络关系，这种互动网络由纵横两个维度构成。从纵向来看，各类主体内部的竞争和合作关系构成了互动网络的经线，各国政府之间存在着复杂的博弈竞争关系，而私营部门之间存在基于市场竞争的优胜劣汰，即使是公民社会之间也存在基于志愿活动基础上的竞争。与此同时，从横向来看，各类主体之间基于资源依赖和传递而形成的冲突和合作关系则构成了这个互动网络的纬线。纵横交错，治理主体之间的互动网络就此形成。

在生物学中，物种之间存在的利益共生关系是生态系统实现平衡的重要机制。所谓利益共生关系是指共生物种之间因存在一些相互需要的物质，从而使彼此互利地生存在一起，缺此失彼都不能生存的一类种间关系。这种利益关系是物种在进化过程中形成的一种互帮互助机制，会促使彼此不断吸收有利因素让自己不断完善和进化。在网络空间治理中，政府和私营部门之间、政府和公民社会之间、私营部门和公民社会之间都存在着类似于生物界的多重复杂利益共生关系。因而，各主体在围绕着治理主导权及治理模式等方面展开多层博弈的同时，还因利益共生关系需要利用对方的某些方面来完善和进化自己，存在合作的基础和驱动力。政府拥有行政资源和权力、私营部门拥有技术和市场资源、公民社会拥有技术和声誉资源，治理的完成需要综合利用以上各种资源才能完成，因此，主体之间多元化联动、多层次依赖和多方面合作的互动关系为协同治理奠定了基础。

二　客体行动者网络：多层议题互嵌

网络空间的治理议题包含了处于不同层次的多种议题，每种议题都具有不同的议题属性，而议题属性会影响甚至决定与之相对应的治理机制建构，但这些议题之间不是完全独立的，而是存在交叠、联动的互嵌关系。物理基础设施是网络空间形成的物质基础，因而其治理也是其他层次治理的基础；逻辑层各问题的治理是网络空间治理特有的议题，不仅涉及虚拟逻辑资源的分配和维护，还涉及标准、协议的制定和推广，会直接影响到社会层的行为治理，如对各行为体围绕着资源分配的博弈行为的治理，以及信息内容层的知识产权议题的治理等；而对数据和内容层的治理，会涉及各个主体的失范网络行为，影响各类标准的制定过程和结果，并对物理基础设施的分布产生引导作用，如对数据本地化的要求就会影响数据中心、服务器等物理设施的地域分布；社会行为层各议题的治理可能会影响其他所有层的议题治理，因为网络空间的失范行为所针对的对象可能存在于各个层次，如泄露用户隐私数据的行为会涉及数据层的治理，而分布式拒绝服务攻击（DDOS）一直难以有效解决，从其产生根源来看，涉及网络协议本身的安全缺陷一直没有得到改进，而从其攻击结果来看，一种是迫使服务器的缓冲区处于"满"的状态，因而不能接收新的请求，另一种是使用 IP 欺骗，迫使服务器复位"非法用户"的连接，从而影响合法用户的连接，这两个结果又会影响到服务器和带宽等基础设施的良好运行以及数据的自由流通。因此，网络空间各治理议题之间存在着多层的互嵌关系，从而形成了治理议题之间的网络化关系。鉴于网络空间治理存在多层的异质治理议题，而且各议题之间还存在互嵌的影响，协同治理机制一方面提出要结合各议题的特性建立个性化的治理子机制；另一方面，在治理议题网络化的基础上，又强调各治理子机制之间的互动，最终形成一个治理机制的有机复合体。

第四章

网络空间“立体多维”治理的可行性：治理主体、治理议题和治理路径的相互适应

物理学家及系统科学家 Per Bak，Chao Tang 和 Kurt Wiesenfeld 曾设计过一个沙堆实验，他们让体积、质量大体相当的沙子通过机器的精密控制一粒一粒地掉落在桌子上，然后借助计算机，精确地计算沙堆崩溃的临界点。在实验的初始阶段，掉落的沙粒会逐渐增高并堆积成一个锥体，这是一个自组织的过程，此时，落下的沙粒对整体沙堆的影响很小，然而，当沙堆增高到一定程度时，落下一粒沙却可能导致整个沙堆发生坍塌，这就是所谓的“沙堆效应”[①]。其实，沙堆中的每一粒沙子都通过一个无形的网络与其他沙粒互相连接，随着沙粒的不断掉落，整个沙堆系统的复杂程度指数级增长。也就是说，最后加上去的一粒沙子，不是简单的叠加，而是会诱发整个沙堆的综合效应，最终导致沙堆的崩溃。实际上，这个实验揭示了多元主体所组成的系统的复杂性，国际体系如此，网络空间亦如此。复杂系统的发展存在一些共同的规律，个体之间的相互连接对复杂系统极为重要，治理复杂系统，首先要认识到其中的连接网络。

[①] Per Bak, Chao Tang and Kurt Wiesenfeld, "Self-organized Criticality: An Explanation of 1/f Noise," *Physical Review Letters*, Vol. 59, No. 4, 1987, pp. 381 – 384.

第一节　网络空间"立体多维"治理的现实条件：多元权威的形成

传统的现实主义国际关系理论强调行为体的权力及建立在权力基础上的结构对国际秩序的重要性，然而，在网络空间的治理过程中，权力的视角并不能全面解释已有的历史实践，因而本书将以权力及权威两种视角来探讨各行为主体参与网络空间治理的可能性和价值。

在治理领域，国家中心主义一直是占据主导地位的理论范式和实践模式，而其逻辑前提是基于"国家—社会"平衡、并立基础上政府权力与社会权力的同步扩张，并由国家对社会实行有效的驾驭与整合上。在数字时代，网络技术发展和扩散的非均衡性，以及不同行为体对科技理念与成果吸纳效能上的差异，使这种技术对不同行为体产生了差异化的影响，打破了这种脆弱的双边平衡：资本力量异军突起，市场结构性影响突出，而社会内部既有的均衡格局也被打破，公民社会组织不断崛起。这种情形在网络空间中的表现尤其明显，网络空间的技术架构特性和复杂性，使政府的内外政策工具难于继续往日的治理效能，因为主权权力基于特定地理空间，凭借对疆域内资源的合法占有和对暴力使用的垄断来行使权力、贯彻意志，而这与网络空间跨国界的天然技术特性和互联互通的价值逻辑存在结构性矛盾，这使其他力量，尤其是国际资本权力得以绕过各国政府的规范与整合，直接上升至全球网络空间。资本权力通过对全球网络空间中技术、信息和资本流动与分布的控制实施其治理职能，而公民社会则通过其掌握的技术权力和议题设置权发挥治理作用，网络空间治理中出现了多元权威中心，多元治理具有了可能性。但不同治理主体的偏好、利益、资源和竞争优势不同，因而可以在网络空间中扮演不同的角色，发挥不同的治理作用，最终通过协调实现治理效能的互补。

第二节　网络空间"立体多维"
治理的路径选择

一　主体行动者特性①及其治理价值的衡量维度

政府、私营部门、公民社会都有独特的治理结构、目标和行为方式。因而，在参与网络空间治理的过程中呈现出了不同的"博弈者特性"。可以通过利益相关度、合法性、权力和权威、治理成本四个维度来衡量不同利益相关者的博弈者特性（Player Characteristic）和价值，进而为研究三方的互动模式确立基础。

（一）利益相关度（Stake-holding Intensity）

利益是行为体对于一定对象的各种客观需求，是行为体行为的最重要驱动因素之一。一般而言，在国际关系中，政府的利益主要是权力、权威和影响力②，私营部门的利益是经济收益、市场占有率和品牌影响力等，而公民社会的利益更多元，主要是促进公共利益、扩大自身影响力、推广相关理念等。在网络空间治理领域，利益是指各利益相关方在参与治理过程中的收益和损失，各行为体在应对特定治理议题时，是具有比较优势还是处于相对敏感和脆弱的地位，会显著影响其利益及认知。因身份特性不同，不同行为体在网络空间治理中的利益存在显著差异，导致各自偏好的治理机制和政策立场也不一样。政府的核心利益是安全和主权，因此政府更偏好网络安全以及与其相关的网络战、网络威慑、网络武器等领域的自上而下的治理。与此不同，经济利益和效率是私营部门参与网络空间治理的主要出发点，他们偏好更少的监管和更大

---

① 这一概念参考了博弈者特性的相关论述，参见张宇燕、任琳《全球治理：一个理论分析框架》，《国际政治科学》2015 年第 3 期。

② ［美］海伦·米尔纳：《利益、制度与信息：国内政治与国际关系》，曲博译，上海世纪出版集团 2010 年版，第 32 页。

的自由度，目的在于企业的效率能提高而成本能降低。公民社会在网络空间中的利益较为多元，既有经济利益，也有社会利益。一方面，他们需要资金以维持和扩大自身影响力，提高自身在网络空间治理中的话语权；另一方面，他们要追求更高的公共利益，如维护网络的畅通和稳定，促进网络的开放、透明、发展和自由等。

利益相关度是指网络空间治理议题对利益相关者利害关系的大小，其与"博弈者特性"和问题属性紧密相关。[1] 不同利益相关者基于其"博弈者特性"对某一具体问题拥有不同于其他各方的敏感度。也就是说，各利益相关方因对不同治理议题领域的利益感知存在差异，因受损或收益的多寡，而对参与治理相关议题的偏好强度不一样。行为体越是认为治理某一议题并非利益攸关，提供公共产品的意愿就会越低，达成合作的交易成本也随之上升。[2] 因利益攸关度不同，不同行为体对提供全球公共产品的态度就不同，利益相关度高的行为体更愿意积极参与相关治理活动，并容易彼此达成合作，而在利益相关度低的议题领域中，行为体参与的意愿低且与其他各方合作的难度大。当然，在具体的治理议题研究中，需要关注各行为体在应对特定治理议题时，是处于相对敏感和脆弱的地位，还是具有比较优势，以区分行为体利益相关度高是基于高损失还是高收益。在网络空间不同治理议题领域内，三类行为体的偏好强度明显不同：在有的议题领域中，政府的偏好强度更高，例如安全治理、内容监管和资源分配等；而在有的议题领域，私营部门和公民社会的参与度更高，例如技术标准研发、网民行为规范治理等。

（二）合法性（Legitimacy）

在国内政治研究领域，对合法性的认识主要有三种理论流派：马克斯·韦伯的经验合法性、罗尔斯的正义合法性和以哈贝马斯为代表的合法性理论。在批判规范性和经验性两种观点的基础上，哈贝马斯认为，

---

[1] 张宇燕、任琳：《全球治理：一个理论分析框架》，《国际政治科学》2015 年第 3 期。

[2] 张宇燕、任琳：《全球治理：一个理论分析框架》，《国际政治科学》2015 年第 3 期。

合法性意味着某种政治秩序被认可的价值及事实上的被承认①。卢梭认为，符合公意的社会契约才具有合法性，这种公意代表着全体成员的一致同意和认可，政府和统治者，因为公意才具有合法性。② 在国际政治领域，国际制度的合法性问题比较重要。海伦·米尔纳（Helen Milner）认为国际制度的合法性在于控制行为者的遵守能力。③ 这是基于制度有效性而言的合法性，而有效性是合法性的必要非充分条件，所以这种认识并不完全。合法性是一种依靠自愿和忠诚而发生作用的社会控制方式，从经验上说，在制度的效率之外，还存在其他方面的制度合法性来源，④ 如制度的民意基础，也就是卢梭强调的公意，这体现出制度的正义性和正当性。马克斯·韦伯从另外的角度论述了合法性的来源，主要有三种：法理（Legal Rational）、传统（Traditional）、魅力（Charismatic）。⑤ 根据韦伯的观点，现代社会具有法理型权威特征，其合法性基础来自制度向社会提供公共物品的能力和人们对正式制度的尊重。因此，现今国际制度的合法性主要基于其向国际社会提供公共物品的能力，以及国际社会中各行为体对它的支持和赞同程度。⑥ 本书所要论述的合法性既有国内政治意义上的，也有国际制度意义上的，在国内政治层面，合法性主要指各利益相关者本身是否在网络空间治理进程中具有参与的合法权威；而在国际制度层面上，主要指各利益相关者提供公共产品的能力和国际社会对其的认可程度。

国际制度普遍存在合法性赤字，网络空间治理制度亦是如此。网络空间治理制度合法性赤字既来自对部分行为者身份权威的质疑以及网络

① ［德］尤尔根·哈贝马斯：《交往与社会进化》，张博树译，重庆出版社1989年版，第184页。

② ［法］卢梭：《社会契约论》，何兆武译，商务印书馆2003年版，第131—140页。

③ ［美］大卫·A. 鲍德温主编：《新现实主义和新自由主义》，肖欢容译，浙江人民出版社2001年版，第153页。

④ 刘宏松：《机制合法性与国际机制的维持》，《学术探索》2005年第2期。

⑤ ［德］马克斯·韦伯：《经济与社会》（上册），林荣远译，商务印书馆2004年版，第241页。

⑥ 叶江、谈谭：《试论国际制度的合法性及其缺陷——以国际安全制度与人权制度为例》，《世界经济与政治》2005年第12期。

文化与一元治理文化的冲突，也来自公共产品提供的不足。在网络空间中，政府虽具有传统的治理权威，但作为后来者，提供技术性公共产品的能力明显不足，技术性公共产品是网络空间赖以存在和发展的基础，这就需要私营部门和公民社会来补充。而私营部门参与治理活动，其身份合法性和权威性容易受到质疑，这就需要政府的合理授权。此外，公民社会因得到了网络的赋权而具备了提供公共产品的能力和权威，但其因缺乏其他方面的权力基础而少了稳定性。总之，三个行为体因自身特性不同，在不同层面具有的合法性高低存在显著差异。

（三）权力和权威（Power and Authority）

在迫使其他行为体做最初不愿做的事这一层面的关系性权力方面，虽然逼迫手段可以是硬性的也可以是软性的，但政府具有更多可以改变其他行为体行为的优势，如政府可以要求企业和其他组织遵照本国的法律规范行事。当然，其他行为体也可以通过设置规范和标准、技术规训等方式改变对方的行为。在网络空间中，议程设置是一项重要权力，决定着各个行为体的可选择范围，但不同行为体掌握着不同的议程设置权力。大部分国家的政府都会根据本国的具体情境，设置过滤器和防火墙以阻止某些信息的传播和讨论，这种过滤既有可能是基于社会原因，也有可能是基于政治原因，而私营部门则决定了我们可以看到的绝大部分信息的内容及其呈现方式，他们的产品及其用户使用协议就是其议程设置权力的最好载体，公民社会则掌握着网络空间中大量标准和协议的设定权。除了广泛意义上的议题设置权力外，各行为体还要在网络空间治理的各个平台和论坛中保持竞争议题的优先性以期影响网络的发展和治理结果。在塑造最初的偏好方面，政府擅长通过惩罚或教育的手段塑造其他行为体的偏好，而企业则是培养市场和左右用户选择的"好手"，公民社会则善于长期观念的塑造和培养。

表 4-1　　　　　　　　　网络空间内行为体的相对权力资源

主要国家政府	1. 基础设施、教育和知识产权的发展和支持 2. 领土范围内个人和中间人的法律及实体强制 3. 市场规模及准入控制 4. 网络攻击和网络防御资源 5. 提供公共产品 6. 能够形成软实力的合法性、善意和能力声望
私营部门	1. 充足预算和人力资源、规模经济 2. 跨国灵活性 3. 编码和产品开发控制、应用软件创建 4. 品牌和信誉
公民社会	1. 进入网络的低成本 2. 退出的低成本 3. 和政府与大型组织相比的非对称脆弱性 4. 技术优势

资料来源：［美］约瑟夫·奈：《论权力》，王吉美译，中信出版社 2015 年版，第 154 页，有部分改动。

（四）治理成本[①]（Governance Cost）

交易存在交易成本，而治理也存在治理成本。网络空间治理是为网络空间提供公共产品以解决集体行动难题的过程，但公共产品的提供会产生成本由谁承担的问题。所以，治理成本指的是为治理网络空间问题而提供公共产品时所付出的成本总和。在网络空间治理中，治理成本由事前成本和事后成本组成：收集和处理信息的成本、各方之间沟通或讨价还价的成本、各方寻求国内共识过程中付出的成本（包括对国内一些利益集团的游说和补偿成本）、签订全球或区域条约或协定后的监督与执行成本等。[②] 在网络空间不同治理议题上，因议题属性不同，特性不一的各治理主体具有不同的治理成本结构，进而会影响他们在各议题中的治理效率和治理价值。

[①]　张宇燕、任琳：《全球治理：一个理论分析框架》，《国际政治科学》2015 年第 3 期。

[②]　张宇燕、任琳：《全球治理：一个理论分析框架》，《国际政治科学》2015 年第 3 期。

二　问题结构①：议题属性与主体比较优势

网络空间的结构是由个人和机构构建的，而不是自然存在的，处于其中的链接既不是完全随机的也不是完全有规则的，叠加上复杂的人类活动，使得政府自上而下的治理或私营部门和公民社会自下而上的自我治理都无法解决全部的问题。然而，一个领域中一个主体的弱点可以通过另一个主体的优势来补偿，反之亦然。网络空间中国家政府的治理与确定的地理区域相关联，包含了从数据保护到税收的广泛领域，而互联网的技术标准和代码，从 TCP/IP 协议到 HTTP（超文本传输协议）语言和 MPEG（代表运动图像专家组）是不基于特定区域和人员的，因而，这两者遵循的是不同的治理逻辑，而不同的治理逻辑在面对不同属性的治理议题时适应性和有效性是有差异的，二者之间存在可以互补的空间。

（一）物理基础设施层的治理议题

网络空间本质上是一个包括各种硬件设施、信息通信系统、处理器以及数据存储在内的全球共享的网络连接形式。其中，物理基础设施都处于各国主权管辖范围之内，是有清晰产权的私产，但这些私产需要以一定的方式加入整体网络之中，在统一标准下共享才能共同保障网络空间的有效运转，如何确定各方都能接受的产品标准以实现不同厂商的产品能实现兼容；如何分布、运营通信光纤以保证网络的接入；如何合理有效地设立和运营数据中心以保证数据的高效流通等都是很关键的问题。从上文论述过的四大维度进行衡量和比较，在这一治理领域中，各治理主体的治理角色和治理效果存在巨大差异。

1. 利益相关度

大多数互联网物理基础设施都由以网络运营商和设备制造商为代表的私人公司拥有和运行，这是他们的核心利益所在，因而这一领域的治

---

① ［美］奥兰·扬：《世界事务中的治理》，陈玉刚、薄燕译，上海人民出版社 2007 年版，第 59 页。

理对私营部门具有最高的利益相关度。公司的设备和通信系统分布扩大，运行良好，可以增加企业的现实收益，也能进一步拓展市场占有率，反之则会造成企业的利润损失和发展受阻。所以，对企业来说，正负双向的利益相关度都很高。对于国家政府而言，物理基础设施的治理主要涉及支持服务和产权保障，它是相对中立的，政治和经济利益相较私营部门更多是间接性的。但本国公司产品和技术的扩展既能增加税收，也有助于增强国家的经济资源和经济实力，还能提升国家在这一领域的话语权，同时，基础设施领域是网络空间中最能和国家主权管辖模式相匹配的领域，可以作为国家治理网络空间的最有力抓手，因而也具有较高的利益相关度。相比较而言，公民社会在物理基础设施治理领域则没有很高的利益相关度。

2. 合法性

合法性是个复杂的议题，就各主体参与网络空间物理基础设施的合法性而言，合法性主要指各主体本身是否具有参与治理的合法权威及其提供公共产品的能力和国际社会对其的认可程度。在市场经济条件下，私营部门最能够灵活满足互联网发展及网络用户的需要去生产和布局物理基础设施，具有较高的合法权威和认可度。对国家政府而言，对内具有治理本国公司和产业的合法性，在跨国层次上，也具有订立国际条约和协议协调物理基础设施布局的权威和合法性，因而，政府在物理基础设施的治理领域合法性也很高，公民社会则具有最低的治理合法性。

3. 权力和权威

权力存在资源属性和关系属性，从资源属性来看，政府可以将公共权力资源用于网络空间物理基础设施的布局规划和资源分配等治理过程中，具有显性的权力和权威。而私营部门不仅具有物理基础设施的所有权，还因生产者和消费者的黏性关系，具有技术研发和产品制造的主导权以及对消费者选择范围和消费行为的限定权，具有较高的隐性权力和权威。公民社会则缺乏参与治理的权力资源，但作为网络的消费者和监督者，可以影响私营部门的生产和履行公共责任的决策。

4. 治理成本

网络空间治理不仅涉及国内制度建设，也涉及国际治理机制建构。无论在哪个层面，为提供治理所需的公共产品，治理主体都需要承担各种治理成本，但不同治理主体的成本结构不同，造成在同一议题治理过程中，治理主体的成本大小存在很大差异。就物理基础设施的治理而言，如果由国家政府来执行，不仅会引起市场和政府的对立，还会产生巨大的协调成本，而私营部门尤其是大型数字平台在经营过程中形成了内部的复杂竞争和合作网络，通过这个网络以市场竞争的方式来进行治理，收集信息和达成契约的成本都会降低。当然，公民社会如果参与物理基础设施的治理，其治理成本会是三者中最高的。

综上所述，在物理基础设施的治理中，公民社会最不具有治理的比较优势，而政府在合法性、利益相关度和权力三个维度上都有较高得分，但其治理成本过高，具有明显的不利因素，而私营部门则在四个维度上都具有比较优势。因此，在网络空间物理基础设施的治理中，私营部门之间以市场竞争的方式，通过契约进行治理是成本最低，而优势最高的模式，所以这一领域的治理应该形成以私营部门为主导但尊重各国主权的治理模式。

（二）逻辑层的治理议题

网络空间虽然受到网络物理层面分离性影响而具备主权属性，不是全球公域，却是一个资源、信息、文化高度共享的公共虚拟空间，这得益于各类网络协议、标准和软件构造的互联互通的开放系统。逻辑层是网络空间中的非物质性基础设施，发挥着使网络互联互通的核心功能，在逻辑层的治理中包含两类核心的议题：其一是协议和标准的制定；其二是互联网关键资源的分配。三类治理主体在这两类治理议题中的治理有效性和成本情况也存在差异。

1. 利益相关度

互联网不是一个单一实体，而是一个网络化的系统，终端用户通过服务器相互通信，通过 TCP/IP 协议连接在一起。所以，在实现网络空间沟通的基本服务方面，它主要是一个在某些要素中具有公共政策组成部分的技术问题，而不同于在数据和内容层提供的价值增强服务，是一个具有技术组成部分的政治、经济和社会问题。因而，在这一领域的治理中，政府的利益相关度较小，而公民社会长期以来一直是标准和协议的主要制定方，这是他们实现话语权和规则制定权的主要领域，也是发挥自身技术和沟通优势的主要方面。标准和协议直接决定设备之间的通信及兼容问题，它存在转换成本和锁定效应，会固化因特定标准而生产的产品，进而影响私营部门的利润和市场地位，所以，私营部门也高度关注协议和标准的制定及通用性问题。

2. 合法性

互联网的技术架构是基于分布式、去中心、透明化和开放性而建立的，因而，善于集中式管理的政府不仅缺乏技术优势，也缺乏组织优势，其参与逻辑层治理的权威一直没有得到私营部门和公民社会的认同，围绕着 IP 地址和域名等关键虚拟资源的分配，美国政府和私营部门及公民社会之间一直存在着激烈博弈。鉴于互联网早期的协议和标准主要由技术社群和个人建构的现实，公民社会在逻辑层的治理中具有相当高的合法性和权威。私营部门因其具有的技术优势、资金及人员优势，拥有为数众多的专利，制定了很多产品标准，也具有治理的合法性，但私营部门并不具有合理、完备的程序，用来确定其在全球范围内的合法代表。目前的事实是，各公司为了获得因标准制定而产生的先发和锁定收益，尽力推动各自标准和协议的通用化，各公司之间因而充满了博弈和竞争，由他们制定的标准难以真正体现公共利益和价值观。此外，主导网络空间治理体系的多是美国跨国公司，它们参与网络空间治理的基础是其市场布局和竞争需要，而非整个网络空间的公共利益。此外，在训诫新自由主义（Disciplinary Neoliberalism）[1] 理念的指导下，美国政府与企业之间形成既竞争又合作的利益结盟关系，美国政府需要

---

[1] Stephen Gill, "Clobalisation, Market Civilisation, and Disciplinary Neoliberalism," *Journal of International Studies*, Vol. 24, No. 3, 1995, pp. 399 – 423.

借助这些跨国公司的市场竞争优势去驱动数字技术产业和网络空间的增长，为美国在网络空间的主导权提供基础，而私营部门需要借助政府提供的权力保障，获得多种便利和支持，实现企业自身的发展和扩张。这些美国跨国公司既不能代表小公司和非西方国家的公司，也难以体现标准制定的公共价值，所以私营部门参与逻辑层的治理有现实可行性，但美国跨国公司占据核心节点的现实局面造成其合法性存在争议，而美国公司"一家独大"的局面在未来的网络空间治理体系中也难以改变。①

3. 权力和权威

在逻辑层的治理中，政府掌握的是能发挥影响的间接权力资源，而私营部门和公民社会则掌握了不同的直接权力资源。私营部门拥有的是受知识产权保护的专利和标准，以及广阔的市场、雄厚的资金和研发实力，能直接影响甚至决定标准和协议的制定，以及虚拟标识符资源的分配。相对于前两者而言，公民社会具有更多的灵活性、非对称脆弱性，以及标准和协议制定实践中积累的权威，是这一领域中具有权威的核心角色。

4. 治理成本

在开放、去中心化的网络空间中，涉及众多的协议和标准，制定并使其通用化的过程复杂且漫长，政府的官僚组织模式及政府间的谈判合作方式并不是最节约的治理方式，而公民社会自下而上、公开透明的协作创作方式则成本低，可行性高，能产生最佳实践。通过市场竞争的方式建立标准，虽比政府之间的合作和协调节约信息收集与沟通的成本，但私营部门制定的标准对公共利益而言，很多情形下并不是最优的，哪种标准和协议最终会流行甚至通用于市场，不仅取决于标准本身，还取决于标准制定的时机及私营部门在市场上的推广和营销。就如目前主流的键盘是柯蒂（QWERTY）键盘，就使用便利性和技术而言，它并不是最优选择，但其因使用惯性等原因却成为全球通行的主流键盘。

---

① 邹军：《全球互联网治理：未来趋势与中国议题》，《新闻与传播研究》2016 年第 S1 期。

因此，在标准、协议的制定及互联网关键资源的分配过程中，公民社会是最佳治理主体，其不仅能体现公共利益，也具有传统实践权威，自下而上的协作式组织方式也更符合网络发展的分布式特性，治理成本低。

（三）数据和内容层的治理议题

将网络空间的治理议题区分为不同但相互依存的层是非常有意义的，这有利于问题识别、政策制定和治理机制的创建，使治理主体能够逐一处理复杂系统的各个不同要素，并构建差异化治理方案的矩阵。如果说物理基础设施及其之上的逻辑层是网络空间中的基本互联网服务，那么，数据和内容层便是网络空间中的增值服务，两种服务是相互关联的，没有增值服务，基本服务没有意义，而没有基本服务，增值服务也不起作用。① 在此层的治理中，各行为体又具有不同于其他层的治理效益和成本。

1. 利益相关度

国家政府、私营部门和公民社会的利益取向不同，国家追求安全利益，而私营部门的最高目标则是利润和发展，在不同理性导向下，各行为体对数据收集及使用的态度截然不同。私营部门期望数据的自由流动，以便更好地挖掘数据中所蕴藏的经济价值，促进自身的发展和扩张，而国家更偏好于数据的主权化和内容监管，以保证儿童色情、种族偏见等内容不会危害社会稳定，公民的数据隐私权能得到保障。此外，鉴于数据跨境流动造成的国家安全威胁，越来越多的国家开始推动数据本地化的进程。不论是支持数据自由流动，还是偏向对数据一定程度的监管，私营部门和政府都是数据内容治理的高利益相关度行为体，而公民社会相较而言则没有那么高的利益相关度。

2. 合法性

对内而言，信息内容的治理主要涉及各国公共政策的制定和实施，

① Wolfgang Kleinwachter, "Internet Co-Governance: Towards a Multilayer Multiplayer Mechanism of Consultation, Coordination and Cooperation (M3C3)," *E-Learning and Digital Media*, Vol. 3, No. 3, 2006, pp. 473 – 487.

是政府传统的职责和权力领域，因而其具有法理上的合法性。然而，崇尚自由和透明是互联网一贯追求的目标，政府对网络空间中的信息进行审查和限制容易受到来自私营部门和公民社会的质疑。对外而言，不同类别的治理主体在全球范围内展开了有关数据资源的实际控制、管理规则和运用能力的战略竞争，这种竞争在很大程度上将决定国际体系本身的发展与变化，而各国之间的政策协调是其中的关键，所以政府之间通过谈判和合作形成的治理机制在这一领域拥有较高的代表性和合法性。就私营部门而言，内容分发平台、搜索引擎公司、社交平台等数字平台公司一般都设有专门的部门负责内容的自我审查和甄别，并通过用户注册协议、使用协议等方式对内容的制作发布进行着企业层面的自我治理，具有实践层面的治理合法性。但在利益的驱动下，企业存在对数据过度开发和使用的风险，侵犯用户隐私和数据泄露的情况会因此而越来越普遍。因而，私营部门进行数据内容的治理始终存在私人利益和公共利益如何平衡的难题，合法性始终存疑。公民社会在数据自由流动、反对监控和隐私保护等方面一直在进行倡议、游说和行动，公共价值和利益的代表性突出，但因为其拥有的更多是倡议权和议题设置权[①]，因而实质的影响力有限。

3. 权力和权威

随着社交平台、AI、服务外包、移动支付、电子商务和各种传感器的日益普及，以及数字技术的不断发展演变，数据不仅产生得越来越多，数据的跨境流动也呈现指数化增长的趋势。数据的共享、开放和利用可以有效提升服务，并促进数字经济和通用人工智能技术的发展，但数据的流动却与个人隐私、公共安全等社会价值紧密相连，过度的使用又会造成公共安全事件。正因如此，在面对海量数据的跨境流动时，除了保证数据的自由流动以保障资源共享的互联网精神，各国政府不得不同时考虑数据泄露引发的个体和公共安全问题。因此，对数据的跨境流

---

① James N. Rosenau and J. P. Singh eds. , *Information Technologies and Global Politics：The Changing Scope of Power and Governance*, Albany：State University of New York Press, 2012, p. 24.

动做出限制，在保障各国安全的前提下，协调不同国家的制度差异以平衡数据跨境流动的收益与成本①，是数据治理的核心议题。此外，在内容审核方面，虽然各国认同的具体审查内容和形式并不同，但对内容进行一定程度的监管已经是各国政府的普遍做法。② 在限制数据流动和内容审查方面，政府可以动用公共权力资源和渠道。与此同时，虽然政府是大量数据的拥有者，但更多的商业数据、个人行为数据和内容数据等分散性非结构化数据却掌握在私营部门手里，私营部门不仅掌握着海量数据，其数据收集、存储和处理技术也远超政府。因此，私营部门虽不具有强制性权力，却拥有事实上的数据使用权和处理能力。相较而言，公民社会在数据和内容层的治理中缺乏权力资源和权威，以倡议和游说进行行动是其参与治理的主要形式。

4. 治理成本

政府的治理成本是政府为实现信息内容治理目标而投入的各种资源及其造成的负外部效应之总和。网络空间中的现有数据存量已非常可观，随着各类传感器的普及和物联网的扩展，更多的数据还会不断生成。此外，移动互联网中，各种主体都成为数据信息的生产者和发布者，新数据信息产生的速度会越来越快，数量会越来越大。面对海量的多维度大数据，从资源投入的角度看，政府对于数据信息的治理需要投入的人力、资金和技术成本会非常大，这也是目前政府的治理机制供给总是跟不上实际治理需求的主要原因。而且，政府对于数据和内容层的治理容易产生负外部效应，不仅容易造成持不同价值观念的治理主体之间的矛盾冲突，还难以处理追求网络空间秩序和保护互联网自由之间的平衡问题。这一问题在知识产权保护问题上尤其突出，长期而言，知识产权保护是促进产业创新和发展的基础，但过度的知识产权保护又不利

---

① 贾开:《跨境数据流动的全球治理：权力冲突与政策合作——以欧美数据跨境流动监管制度的演进为例》,《汕头大学学报》(人文社会科学版) 2017 年第 5 期。

② Ronald Deibert, John Palfrey, Rafal Rohozinski et al., eds., *Access Controlled: The Shaping of Power Rights and Rule in Cyberspace*, Massachusetts: The MIT Press, 2010, p. 4.

于技术扩散和发展平衡的实现，因此，知识产权保护和知识产权限制存在的平衡问题恰如其分地显示了政府在数据和内容层进行治理时的两难处境。对私营部门而言，数据和内容层的治理一方面涉及对其用户行为及黑客行为等第三方行为的规制，另一方面涉及对自身行为的规制，治理要求和成本也会非常高。对用户行为的治理主要是制定系统性的用户行为协议和准则，并保证其落地且有效实施，对黑客行为的治理主要是提高自身信息系统安全性的同时建立专门的安全部门以应对各种突发情况，而对自身行为的治理需要企业在利用数据获取利润和保护数据隐私安全之间找到平衡点。在行业飞速发展、竞争激烈的情况下，要求企业不过度利用数据，并采取足够措施保证数据的安全，对企业而言需要承担很大的直接和间接成本。公民社会对数据和内容层的治理参与主要是通过议题设置、建立跨国倡议网络等方式监督政府和私营部门的数据使用和治理行为，以降低侵犯公民基本隐私和自由权利事件发生的概率，虽有较低的成本，但治理效果也比较堪忧。

综上所述，在内容层的治理中，虽然私营部门和公民社会都在积极参与，各方都存在高利益相关度，但从权力资源、合法性和治理成本等综合角度衡量，政府在内容层面具有最高的利益相关度和最多的权力资源，又有一定的法理合法性，因而应成为这一领域治理的主导行为体，而在数据和信息领域，私营部门则更具优势。

（四）行为体及其行为规范层的治理议题

1. 利益相关度

网络重新塑造了行为体的行为方式及其之间的互动方式，使行为体有了新的活动空间和新的行为方式，也使非国家行为体通过技术赋权获得了相对国家行为体而言的力量提升，所有这些原因造成网络空间中需要规制的失范行为及其性质不同于现实空间，其实施主体更多元，影响更大，不仅会影响网络空间本身，也会外溢到现实空间。网络空间中的失范行为可能来自个体、小型非结构化组织，也有可能来自高度组织化的私营部门和国家政府。这些失范行为包括跨国网络犯罪、网络恐怖主义、网络空间军事化等，都是政府高度关注的敏感领域，因而政府具有最高的利益相关度。对私营部门和公民社会来说，网络空间的恶意攻击、网络窃密、侵犯电子知识产权等行为也会严重危害他们的自身利益和网络本身的稳定，但他们对高政治的网络空间安全和军事化议题则没有如政府那么高的敏感性和脆弱性。

2. 合法性

网络空间中的行为虽发生在虚拟空间中，但实施行为的主体却生活在现实的民族国家内部，因此，以属地原则为基础，政府在法理上具有对实施网络犯罪、网络恐怖主义等行为的主体进行规制的合法性。如果犯罪行为的主体涉及多个国家，需要国际协调，则国家也是唯一具备国际政治谈判资格的主体。所以，无论是政治性还是社会性的行为规制，政府都是最具合法性的主体。当然，网络空间中行为的治理不仅是对明显具有违法或犯罪行为的治理，对组织或个体日常的网络行为也要进行治理，以保证网络的使用是有序和高效的，常规的网络行为大多发生在私营部门提供的各类服务中，如网络内容和言论的发布、网络商业行为等，这些领域的治理既是公共事务，也是私营部门的内部管理事务，因而私营部门也具有参与治理的事实合法性。公民社会可以自我约束自身的网络行为，但在治理其他行为体的行为方面既缺乏授权，也不具有传统和事实上的合法性。

3. 权力和权威

政府具有庞大且成体系的行政系统和暴力机关，掌握着丰富的税收资金和治理经验，技术人才众多，在网络空间行为治理方面权力资源充裕。此外，已经在现实社会中适用的各种行为规范和法律机制有些可以直接用于网络空间，有些可以通过迁移改进后用于网络空间，也有助于政府治理各类网络行为。对私营部门而言，其治理网络行为的权力资源主要是其资金和技术，以及由资金技术造就的能满足消费者核心需求的产品，这意味着其治理只能是非强制性的技术手段和市场手段。公民社会掌握着制定大量标准和协议的权力，标准和协议同时也体现了他们的利益和价值观，他们可以通过标准来引导或限制部分网络行为，但无法就广泛的具体网络行为实施治理。

4. 治理成本

治理对象的规模和性质是影响治理成本的关键因素。网络空间中的行为不仅数量巨大、异质性高，而且溯源困难，因此在治理主体和被治理对象之间造就了"结构的不对称性"①，导致对其的治理成本非常高。对政府而言，其治理成本包含三个方面：一是因为结构不对称造成信息严重不对称而形成的治理成本；二是需要协调各类资金和人员成立专门的机构来应对越来越严重的网络犯罪问题和网络失范行为而产生的成本；三是和其他国家和组织协调谈判的成本。对私营部门而言，其治理成本也包含信息不对称造成的治理成本，如加强公司安全防范能力的成本、不断升级系统软件的成本等，还有和其他组织协调的成本，比如和政府之间合作，提供信息和数据给政府部门用于治理而产生的声誉受损、客户流失等成本。公民社会治理网络空间行为的成本主要来自点对点协作产生的沟通协调成本，相对于政府和私营部门而言是较小的。

总之，在网络空间行为规范层的治理中，由于存在信息不对称问题，各行为体参与治理的成本普遍都很高，但政府在治理的利益相关度、权力资源和合法性方面都占据明显优势，因此，这一层次的治理也应该以政府为主导行为体。

三 不同主体主导下的治理模式比较

通过利益相关度、权力和权威、合法性和治理成本四个方面衡量政府、私营部门和公民社会三个治理主体在不同层次治理议题上的治理意愿、治理能力和治理效率，可以看出以政府为主导的治理模式、以私营部门为主导的治理模式和以公民社会为主导的治理模式分别适用于不同的治理议题。因此，在治理进程中，实现治理主体和治理客体之间的匹

---

① ［美］奥兰·扬：《世界事务中的治理》，陈玉刚、薄燕译，上海人民出版社 2007 年版，第 63 页。

配非常重要。

（一）政府为主导的治理模式：以主权国家法规为基础的制度建构

网络空间完整国际秩序的形成依赖于技术领域、公共政策领域以及经济和安全领域各个方面国际规则的形成，而这些规范既可能是网络空间内生的，也有可能是外生的，外生规则主要来源于国家行为体的治理行为。基于维护公共秩序的需要和传统管理模式的限制，国家参与网络空间治理的方式主要是强制性的法规，例如，国内法律和政策，国家间的协定、条约、公约等。其特点是通过国家政府或政府机构以谈判和合作的方式制定的具有法律约束含义的国际规则或达成的共识，是一种国家主导的等级制权力结构。

基于主权为基础的制度建构包含两个方面：国内立法和政策制定所形成的制度，以及国际体系和区域层次的制度建构。就国内基于政府权威的法律、法规和公共政策的制定和实施而言，其目标是在网络空间设立各国司法边界，将传统的社会规范应用到其相应的网络空间。随着网络空间战略意义的不断上升，各主要国家已经形成了从宏观战略到微观议题政策的相对完备的规则体系以及机构设置，为网络空间提供了外生的国家层次秩序。国家尤其是网络大国的网络空间战略、法律、法规和政策都有很强的外部性效应，不仅会影响其与其他行为主体的网络关系，还会对网络空间本身的机制建构产生示范或限制性影响，是各国战略和政策协调的基础，也是网络空间治理机制建构的重要方面。美国发布的网络空间战略就深刻影响了其他国家相关战略和政策的制定，也影响了网络空间治理机制构建的基调。

除美国外，其他许多国家也提出了各自的网络安全战略或网络空间建设计划，涉及立法、政策体系、组织机构、技术保障、合作实践以及文化建设管理等多个层面，在制度上设计了一张纵贯国内到国际的联动合作网络，旨在更好地维护国家在网络空间的根本利益。通过研究各国网络空间战略的指导理念、行动原则及具体措施等，可以看出各国的战略虽有不同侧重点，但也有很多交集，合作的空间很大。各国的网络空间战略都高度重视基础设施保护、技术研发、打击网络犯罪、国际合作、公私合作、应急响应制度和组织机构的建设等领域，随着数字经济的进一步繁荣，数字产业链建设、数字贸易和数字金融等领域也将更受各国重视。各国的网络空间战略具有很强的同构影响，而这是实现各国公共政策和战略协调的基础。

在国际层次，通过国家政府之间的对话和谈判形成治理机制是比较通行的规则制定和修改方式。具体而言，主要是国家之间通过国际条约、地区性协议和双边协定等方式就某一问题的治理措施达成一致，多数情况下遵循"一国一票"的决策程序，如以欧盟国家为主签订的布达佩斯《网络犯罪公约》就是如此。此外，在现有的国际合作平台和政府间国际组织中，就网络空间治理的数据和行为议题进行讨论和协商，达成一些原则性的共识也是这种治理模式的有效方式，如 2015 年 G20 峰会上中美等各主要国家多次就网络安全及其治理展开对话，并在公报中对网络安全治理进行了论述，认为大数据时代的网络安全治理内容庞杂、困难之大前所未有，网络安全治理涉及对网络空间的物理介质及其中所流动的数据进行的治理。

基于以上方式，国际社会建立了联合国信息社会世界峰会（WSIS）和互联网治理论坛坛（IGF）两个以国家行为体为主导的新型治理平台。WSIS 是一系列从 2002—2005 年召开的强调多边性和以国家为中心的外交会议，其第一阶段会议形成了《日内瓦原则宣言》，阐述了一系列关于互联网治理的宽泛原则，认可了多元主体共同参与的治理安排，并建立了互联网治理工作组，以界定关于互联网治理的工作定义、确定与互联网治理有关的公共政策问题、推动多利益相关方对各自角色和责任形成共识。最终，WSIS 日内瓦会议达成的共识是设定一种国家、私营部门和公民社会各自明确"职能"分工的等级关系，政府处于这个体系的顶层，是掌舵者。[①] WSIS 第二阶段会议形成了《突尼斯议程》，议程

---

① ［美］弥尔顿·L. 穆勒：《网络与国家：互联网治理的全球政治学》，周程等译，上海交通大学出版社 2015 年版，第 77 页。

将互联网治理分为两个部分："技术管理"或"日常运营"领域主要由私营部门和公民社会负责，而"公共政策制定"领域应该由政府主导，强调了私营部门在互联网的日常运营和前沿创新与价值创造中扮演的主要角色，并授权创立互联网治理论坛（IGF）。互联网治理论坛是一个没有法律约束力的、致力于就互联网治理问题进行对话的多方参与论坛，是一种相对非等级制的、调动分散在公众和私营部门手中资源和知识的方式。

联合国信息社会世界峰会对于网络空间治理具有重要意义：首先，它确立了两个治理平台：互联网治理工作组和互联网治理论坛；其次，促使各方认识到互联网及其治理是横跨多个政策领域和多个国家机构的全新治理议题，从而确立了多利益相关方参与治理以及从整体上考虑互联网治理问题的共识，超越了其之前流行的以单个议题和单个国际组织为主的单独分类治理模式；最后，制定出有关互联网治理的工作定义，将互联网治理的范畴从互联网名称与数字问题等狭隘的技术领域扩展到包含技术和公共政策的综合领域，成为以后一段时间互联网治理的研究框架，从而为实现从互联网治理到网络空间治理的演变奠定了基础。然而，IGF 及 WSIS 没有执行和制裁机构，从而注定了其只是交换信息和阐明立场的沟通渠道的角色，到目前为止，还不能发挥更多的治理作用。

除此之外，G20、欧盟、金砖国家、教科文组织、世界知识产权组织（WIPO）、经合组织和国际电信联盟等传统国际机制也开始涉足网络空间治理议题的制度建构，但其治理进程仍然处于规则制定的早期阶段，更多聚焦于网络空间属性的抽象概括和倡议。考虑到各国在网络空间中利益的复杂性，相比较而言，因为利益博弈的难度相对较低，地区以及双边的机制要比联合国框架等全球机制更易于达成集体行动，欧盟已经形成一系列关于打击跨国网络犯罪和数据安全保护的规则。

以政府为主导的治理模式主要针对内容层和行为规范层的治理议题，这些议题具有很高的社会公共性和政治性，需要以政府为主导在国内外采取一定程度的强制措施和国际协调才能应对。当然，以政府为主导的治理模式并不排斥其他行为主体的治理参与，但主要是围绕政府展开治理活动。其特点是国家要和其他国家进行博弈竞争，通过多次博弈形成跨国的治理机构或治理条约、协议和惯例，同时还要发挥主导作用，引导其他两类治理主体参与治理，并承担治理的成本。

（二）私营部门为主导的治理模式：以契约为基础的制度建构和以技术为导向的行为规训

私营部门参与网络空间治理主要是通过市场竞争的方式确立各种契约。在私营部门内部，各企业之间通过竞争博弈形成契约，可以实现企业合作及彼此之间的平衡；在外部，私营部门和政府、公民社会通过博弈形成了私营部门赖以生存的制度环境和市场环境。私营部门都是追求利润的有限理性行为体，其彼此之间持续互动的长久动力来源于对利润的不断追求，因此，在私营部门内部，只有建立在利润基础上的协作才具有可持续性，利润驱动不仅可以促成利益协同机制的形成，也有助于提升私营部门彼此间合作互动的积极性。契约治理结构作为一项制度安排，是由不同私营部门之间、私营部门和公民社会及私营部门与政府之间从个体利益角度出发通过不断博弈而形成的博弈均衡。契约治理结构的自发形成和调整过程，是各主体之间交易行为的博弈均衡过程。因此，契约治理制度既是博弈过程中制定的博弈规则，也是博弈的均衡结果。契约的制定、反馈调整、执行及解决争端的规则和手段构成了契约治理的核心内容。相较于主权治理，由于彼此之间的竞争和消费者主权为私营部门提供了不断降低成本、优化产品的激励，因而契约治理的效率更高、在特定领域的效果也更佳。①

数字技术的发展和推广过程是私营部门实现其利润的过程，也是其实施治理的主要手段之一。在实践中，大量网络治理过程都是借助网络安全技术、筛选甄别技术等方式来实现的。数字技术事先都设定

---

① Lee A. Bygrave, "Contract Versus Statute in Internet Governance," in Ian Brown, ed., *Research Hand Book on Governance of the Internet*, Cheltenham: Edward Elgar, 2012, pp. 1 - 25.

了其架构和使用方式，因而可以在一定程度上塑造使用者的行为模式和选择范围，通过事前预防和事后追踪，以润物细无声的方式达到规训行为的效果。相较于制度手段而言，技术手段使用过程更隐蔽，对抗性小，因而治理效果也更可预期。在一定程度上，针对某些高频、分散的网络行为，技术治理手段可以达到甚至超越制度所能达到的治理效果。

私营部门之间通过竞争博弈形成契约而进行的网络空间治理在物理基础设施层和信息层卓有成效，在过去的几十年中，基本保证了网络物理层的分布和联通，并实现了网络带宽、传输速度和数据存储容量方面的实质性提升。当然，由私营部门通过市场竞争方式实现的治理会产生公平性问题，大量物理基础设施都分布在发达国家所在的地区，造成了落后地区在网络接入方面的持续性劣势，如光缆和卫星的分布就主要集中在欧洲和美洲。所以，在协同治理的视角下，私营部门的契约治理是主导方式，但要适度引入政府和公民社会的主权治理和监督治理。

（三）公民社会为主导的治理模式：以共识和协商一致为基础的制度建构

互联网架构是一种非物质基础设施，虽然它使用物理网络和服务器，可以在地理上进行本地化，并根据特殊的国家立法运作管理根服务器中的顶级域的区域文件，但支持网络和服务器之间通信的 Internet 协议，以及域名、IP 地址等虚拟资源没有“国籍”，不能直接链接到“真实的地方”。所以，网络空间既不是完全意义上的全球公域，也非完全处于单一国家主权管辖的范围内，它更类似于奥斯特罗姆所提出的公共池塘资源，存在竞争性，但又是非排他的。因而，网络空间治理，尤其是虚拟逻辑层的治理可以摆脱仅在市场与政府这两种途径中寻找解决方法的传统思路，通过自治组织治理网络空间的这些公共产品也是可行的途径。自治组织治理模式有助于实现网络空间的普遍互通性，而以民族国家为主建立国际合作式的治理，容易造成网络的分割和碎片化。

为了遏制网络空间的混乱和无效率，技术专家、学者和各类企业代表制定标准、建立组织、发展制度和规则，形成自主治理的机制和进程，这便是网络空间的自组织治理。基于网络空间既有主权属性又有公域属性的双重属性特色①，市场力量和政府力量无法完全保证其有序地演化，公民社会的自组织治理可以有效弥补他们遗留下来的权力和职能真空。一定程度上，技术专家和学者等专业人士以共识为基础制定的规则是小规模的社会契约，但这个契约并不是把权力交给全能的主权者，而是交给具有专业特长的专业人士及其组成的组织，这些组织拥有公共性和自主性的双重特性，是网络空间众多公共产品的供给者。

在网络化治理格局中，每个行动者所采取的行动都会影响其他行动者的行动选择，所以处于网状结构中的组织需要考虑其他组织的选择，这正是有效促进公民社会组织成长，并最大限度释放协同正效应的基础，同时也是公民社会组织参与网络空间治理机制建构与具体实践的必要条件。在使用者的工具性需求推动、以获取和交流信息为共同利益的功能驱动和维护网络空间开放、互联和透明的公共价值追求的共同促使下，公民社会组织成员间不仅产生了可感知的互惠，还通过技术选择和技术认同为网络空间提供了标准、协议，以及技术和组织架构等许多公共产品。所以，虽然和政府与私营部门比较，公民社会组织缺乏实质性的资源和权力基础，也不具有组织架构上的优势，但通过议程设定、建立跨国倡议网络以及制定标准和协议等方式，公民社会组织也能塑造网络空间的秩序。

伴随着互联网的发展，互联网的治理实践便开始了，随着互联网的发展扩张形成网络空间，互联网治理就扩展成为网络空间的治理，互联网早期的自治实践也便自然而然地迁移到了网络空间的治理过程中。罗伯特·卡恩（Robert Kahn）、拉里·罗伯茨（Larry Roberts）、大卫·克拉克（David Clark）、约翰·波斯特尔（John Postel）和文特·瑟夫

---

① 张晓君：《网络空间国际治理的困境与出路——基于全球混合场域治理机制之构建》，《法学评论》2015 年第 4 期。

（Vint Cerf）等最早一批创立互联网的工程师曾通过共同努力搭建了互联网自我治理的技术架构：以 TCP/IP 协议为基础的"端到端"数据交换模式，这一模式的核心价值在于实现了数据交换的高效和去中心化。在这一技术架构的基础上，早期的互联网创造者同时身兼着互联网治理的角色和职责，并将基于协商一致的共识和透明化作为主要的工作模式，从而排除了以强制权威为基础的政府治理，这为以后的网络空间公民社会自组织治理奠定了坚实的实践和合法性基础。在这一模式中，代码构成了互联网的体系结构，它们既不是在"国家"内部开发的，也不是由主权"自上而下"的政府法规开发的，而是在"全球空间"通过"自下而上"的政策制定过程产生的，其基础是"粗略共识和运行代码"原则。网络空间的自组织治理是高度分权的，特别依赖构成网络空间的个人或组织的志愿参与和承诺，在介入网络空间治理的过程中，他们在相对平等的基础上产生互动，制定标准和规则，提出议题。实践证明，非政府网络制定的规范和原则在全球范围内可以与传统的政府规制一样成功和可行。更重要的是，自下而上的创新程序至少在互联网早期阶段实现了高效率和低成本，仅在需要时制定监管，可以高速实现决策，粗略的共识原则还保证了所有主要利益相关者参与所需的灵活性，以根据技术创新调整规则。ICANN 的第一个章程就反映了"网络组织"的"自治"理念，其"董事会"作为不同地区相关组织的代表，是整个机制的最高决策机构，但其成员仅包括技术开发人员、互联网服务提供者以及用户等非政府组织的代表，政府的角色仅是"咨询者"[1]，其治理结构是互联网技术架构与主要商业利益（具有特权地位的大型企业）权力结构的混合体。[2]

---

[1] Wolfgang Kleinwachter, "The Silent Subversive: ICANN and The New Global Governance," *Journal of Policy, Regulation and Strategy for Telecommunication*, Vol. 3, No. 4, 2001, pp. 259 – 278.

[2] Wolfgang Kleinwachter, "Internet Co-governance: Towards a Multilayer Multiplayer Mechanism of Consultation, Coordination and Cooperation (M3C3)," *E-Learning*, Vol. 3, No. 3, 2006, pp. 473 – 487.

在逻辑层，众多由技术社群主导的公民社会组织能够比较有效地达成集体行动，拿出有效的技术解决方案，为网络空间提供了技术秩序和保障：互联网名称与数字地址分配机构负责 IP、域名等互联网关键基础资源的分配和日常运营，能够依靠自身的工作流程，在域名和地址分配领域确保有序和协调；互联网工程任务组负责互联网相关技术标准的研发和制定，通过在各个工作组所设立的邮件组中进行交流，以"互联网草案"（Internet Draft）和更为正式的意见征求书（RFC）为形式，已有很多互联网技术规范通过在 IETF 讨论后成为公认标准；互联网架构委员会（IAB）负责定义整个互联网的架构和长期发展规划；互联网数字分配机构（IANA）负责分配和维护在互联网技术标准和协议中的唯一编码和数值系统；国际互联网协会（ISOC）致力于为全球互联网的发展创造稳定健康的条件；万维网联盟（W3C）则在 Web 技术领域制定了 200 多项 Web 技术标准及实施指南。

公民社会自组织形成的治理机制在制定全球技术标准方面发挥了绝对的主导作用，同时也实现了各国技术专家和研究者之间的信息交流和沟通，保证了网络空间的稳定和互联，避免了国家间博弈所产生的冲突和低效率。但在社会公共政策层面，不仅其扁平化的结构会降低产生集体行动的效率，因缺乏实体的常规渠道，也难以成为国际规则制定和执行的核心场所，这从客观上限定了这些机制的使命只能局限在技术领域，对其他公共政策领域的影响力将会比较有限。

第三节　多元治理主体与多层治理客体的相互适应

一　责任分散：网络空间多元主体角色的分化[①]

在网络空间不同的治理议题上，因资源优势和利益相关度不同，起

---

① 周毅、吉顺权：《网络空间治理——网络空间多元主体协同治理模式构建研究》，《电子政务》2016 年第 7 期。

主导作用的主体也不同，且各主体拥有不同的治理权威和治理路径，异质的多元主体共同构成了互动网络体系，克服了单主体治理的各种"失灵"困境。因此，治理责任的分散化是指随着多元治理权威的形成，治理的责任也要分散于各个治理主体，责任的分散首先意味着各治理主体都需以自身的独特方式参与网络空间治理，还意味着必须分担治理的成本。

就民族国家政府而言，它本是一般意义上公共利益的代表和公共权力的执行者，本应是网络空间治理中的主导角色，但在技术权力兴盛的网络空间中，国家并不具有完全的竞争优势，需要在产业、技术和社会网络等诸多方面依赖私营部门和公民社会。对于私营部门和公民社会而言，参与公共领域治理的合法性一直备受争议，但网络空间中来源于委托授权或者最佳实践的实际权威为他们参与治理奠定了基本的合法性基础，此外，私营部门和公民社会掌握了网络空间治理的市场权力、技术权力和倡议权力，具有某些层次治理的竞争优势和灵活性。由于更符合网络的分布式特性，私营部门和公民社会的治理成本和治理的有效性也更具优势。所以，私营部门和公民社会主导技术事项以及部分公共政策领域的治理实践也具备充分的基础和必要性，但私营部门和公民社会也必须接受他们在主权国家所定义的政治和法律环境中运作的现实，而不能过分强调技术的影响力，试图完全排除政府的作用而追求网络空间的纯粹自治。

在网络空间治理中，政府、私营部门和公民社会之间因频繁的竞争互动和资源交换形成了多重复杂的社会网络，在这个网络中，各行为体都有不同角色、定位和竞争优势，并根据其在关系网络中的"位置"来判断情势，进行决策。行为体在网络结构中的位置取决于其所占据的竞争优势的高低，而行为体的竞争优势一方面来自资源优势，不同行为体占有的技术、资金、产业、暴力和机制等各方面的资源不同；另一方面也来自关系优势，大多数竞争行为及其结果都和个体在竞争环境中对结构洞的接近程度有关，社会网络中占据"结构洞"较多的竞争者，其关系优势较大，更易获得较高的回报。所以，这种关系网络会形成一个压力机制，成为各行为体进行协同的驱动力，促使他们积极参与网络空间治理活动，并不断提升自己的竞争优势，这样才能保证其在网络结构中的"位置"不会偏移。

二　治理主体互动：多元治理主体之间的关系嵌套和功能互补

在一个由国家、市场、社会三方通过互动建构的网络空间中，政府、私营部门与公民社会组织之间不仅存在着彼此冲突和竞争的关系，还存在着相互支持和依赖的关系。网络空间治理就是多元主体通过这些网络化的互动，建立协同关系，共同构建网络空间秩序的过程。在网络空间多层多元治理中，政府、私营部门和公民社会之间没有明确的隶属和等级关系，它们是自主的，是基于相互依赖基础上的互动和博弈关系，最终实现公共选择和公共博弈的达成。多元治理主体互动的过程也是动态博弈的过程，其结果便是多中心秩序的出现。在多中心秩序中，行为主体的行为是相互独立的，但又能够在一般的规则体系中相互调适彼此间的关系，这符合网络空间的运行状态，即各主体不能缺位，但也不能错位，更不能越位。所以，基于主体互动的非线性特征所导致的系统秩序属性对网络空间治理至关重要，它能克服秩序的演化论和建构论对秩序形成的单向度解释，"秩序不仅仅是单个意向的结果，而且还是非线性相互作用的集体后果。"[①]

网络空间治理多层多元治理机制中不存在中央权威或最终权力，只在不同议题上存在最能整合各种资源的主导力量。所以，在治理的进程中，建立起治理主体之间网络化的关系仅仅是协同治理的起点，要想真正实现共同治理的协同效应，则需要治理主体之间在相互依赖的基础上建立起长期的互动机制。在互动过程中，各主体不仅能对各自具有的资源优势和实践优势有更全面的认识，还能在互动过程中加深对网

---

① 参见高献忠《社会治理视角下网络社会秩序生成机制探究》，《哈尔滨工业大学学报》（社会科学版）2014 年第 3 期。

络空间本身及其治理议题的理解，从而有助于形成治理的共识，在互动中通过功能互补和共识指导来实现协同效应。这个互动机制包含了沟通（Communication）、协调（Coordination）与合作（Cooperation）三个层次。① 沟通是各主体间最基本的互动形式，主要是解决信息交换、各方立场和利益的充分表达以及机制化沟通渠道的建立等问题。信息不对称是导致各方难以实现互信和合作的首要阻碍因素，因此，信息的及时公开和共享是沟通机制的核心，在信息公开和共享的过程中，各方不仅能更了解对方的内部情形和立场，也能拓展对各治理议题的理解深度和宽度。协调是各主体间更进一步的互动，涉及网络空间治理资源的优化配置和各方治理优势的互补，并建立协调机制和平台。虽然网络空间的治理议题可以区分为不同层次，但本质上来看，网络空间是一个整体，对其治理最终也要实现整体协调，才能保障各相关者的利益。但各个主体拥有的资源优势和关系优势是不同的，需要协调机制将资源进行整合和配置使其能和具体的治理议题相匹配，并发挥出最佳治理优势，从而降低总体治理成本，提高治理效率。合作涉及网络空间各主体间行动的协调和合作机制的建立，是较深层次的互动。在网络空间里，政府、私营部门和公民社会的角色和身份差异导致了他们在行为方式和行动能力上的差异，如政府具有公共权力优势，其行为方式是集权的官僚方式，私营部门具有资金和技术优势，擅长市场化竞争，而公民社会具有技术和认可度优势，擅长多方协作的行动模式。因而，在网络空间治理中，合作意味着根据各治理主体的相对优势和治理议题的属性，对主体的行为方式和行动能力进行适当的组合和优化配置，将治理的具体任务分解，并匹配给最适合的治理主体，使其成为主导行为体，其他治理主体及其治理手段作为协助角色发挥作用，避免在具体行动上各主体发生矛盾和冲突。

---

① Wolfgang Kleinwachter, "Internet Co-Governance: Towards a Multilayer Multiplayer Mechanism of Consultation, Coordination and Cooperation (M3C3)," *E-Learning and Digital Media*, Vol. 3, No. 3, 2006, pp. 473 – 487.

沟通、协调和合作作为为网络空间治理带来"秩序"的流程，需要一定的操作结构。在这里，互联网技术架构本身可以成为灵感的源泉。在互联网中，来自一个终端用户的查询通过因特网服务提供商（ISP）和名称服务器发送到根服务器，该根服务器通过名称服务器和ISP将查询结果返回给所寻求的最终用户。虽然根服务器对于通信至关重要，但它们对查询结果的具体内容没有任何影响，也没有真正的决策权。它们唯一能说的就是"是"或"否"。[①] 用户对根服务器的期望仅是知道所需电子邮件或 Web 地址所在的域。如果一个根服务器不可用，其他服务器将接管查询从 A 传递到最终目的地 B 的任务。

三　多元治理主体与多层治理客体的匹配

网络空间治理是在治理资源广泛分散于政府与私营组织的背景下协调治理力量、形成治理平衡结构的过程。所有类型的网络空间治理议题都需要所有利益相关者的参与，但个别利益相关者对特殊问题的具体参与程度取决于问题的性质和层次，也取决于不同治理主体的竞争优势和治理成本。治理秩序的实现是"有意为之的、正当的有序化过程"[②]，在这个过程中，不同国家之间的竞争和博弈，以及不同类型治理主体之间的互动形成了网络空间治理的基本力量格局。因而，网络空间有效治理的路径既不在于更集中化的政府主导模式，也不在于更多权力下放的自治模式，而是治理活动以不同的过程和方法来实现，一些治理职能需迁移到政府间或跨国层面，有些则需转移到次国家层面、私营部门和公民社会。也就是说，网络空间国际秩序的形成需要考虑的问题不是哪个模式最适合，而是在具体的情景和特定的背景下，最有效的治理路径是什么，以"殊途同归"的秩序达到治理目的。

---

① Wolfgang Kleinwachter, "Internet Co-Governance: Towards a Multilayer Multiplayer Mechanism of Consultation, Coordination and Cooperation (M3C3)," *E-Learning and Digital Media*, Vol. 3, No. 3, 2006, pp. 473 – 487.

② ［美］米尔顿·穆勒、［美］约翰·马西森、［美］汉斯·克莱因：《互联网与全球治理：一种新型体制的原则与规范》，田华译，《汕头大学学报》（人文社会科学版）2017 年第 3 期。

在网络空间治理进程中，秩序形成是不断有序化的一个过程，它不是均衡的状态（Equilibrium），而是一种"确立和维持规则"① 的期待，是对行为体行为的约束机制和制度框架，应由共同观念、约束性规则和规则保障机制三部分组成。② 秩序意味着两种不同的行为特征，一是稳定的、有规则的、可以预测的行为，二是合作的行为。③ 因此，对于立体多维治理所追求的网络空间国际秩序而言，其本质是一个能保障治理目标实现的系统，包含了四个层次的内涵：首先，由谁来制定治理的规则，即是否存在治理的权力机构？其次，制定何种规则，即是否有制定治理规则的共识？再次，如何创建、维护和发展治理规则？最后，是否形成了"制裁机制"，以激励守规者的同时惩罚违规者。

网络空间治理中的议题广泛分布于技术属性较高的科技领域，涉及公共政策的社会领域以及政治属性很高的安全领域。因而，在将治理议题区分为不同层次的基础上，根据治理议题的具体属性确定最合适的治理主体及其治理路径组合是最优的选择。作为一般规则，根据具体的属性组合不同的治理主体和治理手段，其选择范围从最底层的"私营部门主导的市场契约"到最高层的"政府主导的主权治理"，在其间的层次上具有不同的共同治理组合。每个层次的治理议题都有一个特殊的治理模型，每个参与者根据其个体的诉求和任务，依靠自己的决策权保持"主权"和"独立"。但是所有层和所有主体必须共同出力才能使系统的整体运作实现高效。更重要的是，所有层和参与者都变得彼此依赖，并构成一个全球网络空间治理的协同机制，可以被描述为"多层多元协同模式"。扁平化的网络空间技术架构和传播模式要求平行合作的网络型治理（Networked Governance）模式，④ 而多层多元的治理模式就是

① 赵可金：《从国际秩序到全球秩序：一种思想史的视角》，《国际政治研究》2016 年第 1 期。

② Hedley Bull, *The Anarchical Society: A Study of Order in World Politics*, New York: Palgrave Press, 2002, p. 51.

③ Jon Elster, *The Cement of Society: A Study of Social Order*, Cambridge: Cambridge University Press, 1989, p. 1.

④ ［美］弥尔顿·L. 穆勒：《网络与国家：互联网治理的全球政治学》，周程等译，上海交通大学出版社 2015 年版，第 8—10 页。

这样一种网络化的治理模式，其目的是提供一种机制，这种机制能将网络空间中主客体等各方面因素有机地联系起来，将分散化和网络化的治理内容与多元互动的治理主体和治理方式结合起来，实现基于特定议题差异化治理基础上的协同，这种协同既是各主体在复杂互动关系基础上的博弈合作和权力依赖，也是在具体治理议题中，各主体通过信息流动和资源互补，从不同侧面介入治理过程，形成多维度治理进程和治理秩序，最终形成一个自主的网络以促进网络空间有序化发展的过程。多元治理主体的参与既能加深各方之间的了解，将多方偏好和主张整合起来，从而产生一个能兼顾多方利益的解决方案，又能形成基于多种治理路径的多维度秩序，增强网络空间的稳定性。

作为治理主体来说，国家政府及政府间国际组织通常更有能力治理社会和政治属性较高的问题，但是，在涉及具有技术属性或需要市场竞争的具体问题时，政府还需要公民社会和私营部门等利益相关者的参与和协作。对于私营部门和公民社会来说，他们更有能力治理技术属性和市场竞争属性较高的议题，但如果他们正在处理的技术问题和市场问题涉及公共政策的组成部分，则更需要政府的统筹协调。也就是说，就具体治理议题而言，层级越低，其物理性就越强，产权属性越突出；而层级越高，则虚拟性越强，参与者越多且越分散，则政府的管理和执法越困难，越需要不同主体的协同治理。[①] 因而，可以将治理主体和治理议题之间的匹配关系梳理如表 4-2 所示：

表 4-2　　　　　　治理议题的层次与主导行为体对照表

议题层次	核心议题	治理主体		
		各国政府	非政府行为体	
			私营部门	公民社会
物理基础设施层	网络接入基础设施布局	高	主导	中

---

① 蔡翠红：《国家—市场—社会互动中网络空间的全球治理》，《世界经济与政治》2013年第9期。

续表

议题层次	核心议题	治理主体		
		各国政府	非政府行为体	
			私营部门	公民社会
逻辑层	IP 地址分配 域名管理 互联网协议及标准的制定和使用	高	高	主导
数据和 内容层	数据本地化 隐私保护 数据跨境流动	主导	高	高
	应用程序和网络 内容的制作和传播	高	主导	高
行为规范层	网络犯罪 网络恐怖主义 网络空间军事化	主导	高	中

资料来源：笔者自制。

    表 4-2 从技术和政治角度解释了网络空间治理的复杂性，它解决了在不同议题上谁最适合主导治理进程的问题。同时，每一层议题都有自己的政治属性和社会属性，都需要用它自己的标准来制定最合适的政策，① 这最终将影响预期治理成果的实现和政策效果的范围，所以，表4-2 也为政策制定者建立了多个相互不同但又紧密联系的政策领域，在制定治理政策时，必须考虑每层政策制定对其他层政策环境改变的重要影响。

    网络空间秩序是各主体基于理性选择而形成有效集体行动的过程，② 它的最佳状态是主体之间的合作与博弈并存。各治理主体作为有限理性行为体，在追求最满意结果的过程中，存在冲突是必然的，但合

---

    ① ［美］罗伯特·多曼斯基：《谁治理互联网》，华信研究院信息化与信息安全研究所译，电子工业出版社 2018 年版，第 20 页。

    ② 李礼、孙翊锋：《生态环境协同治理的应然逻辑、政治博弈与实现机制》，《湘潭大学学报》（哲学社会科学版）2016 年第 3 期。

作也是必需的利益实现方式，作为限制行为体行为和平衡利益冲突的产物，规则和制度在博弈过程中逐步形成，因而，治理机制是政治博弈的均衡结果。网络空间治理是在权力分散、组织界限模糊的背景下产生的，所以，治理机制的协调统合非常重要。一方面，机制不是单一的政府等级组织及其建立的制度，而是由不同政府和非政府组织组成的网络，因此要有供各方沟通、协商和谈判的渠道和平台，这既有赖于各主体之间形成的部分共识，也取决于各主体通过合作关系可以获得的利益。另一方面，正如基欧汉所言，网络空间的治理涉及的主体和议题纷繁复杂，不可能以一种机制实现普遍的治理，而是要在不同议题领域形成不同主体主导的各种机制的复合体，① 并促进治理机制之间实现协调，使之成为一个治理的整体，以避免机制的碎片化、各自为政，甚至是彼此冲突。

---

① Joseph Nye, "The Regime Complex for Managing Global Cyber Activities," Global Commission on Internet Governance Paper Series, No. 1, May 2014, https：//www. sbs. ox. ac. uk/cybersecurity-capacity/system/files/GCIG_ Paper_ No12. pdf.

第五章

网络空间治理中数字平台的崛起

平台化是数字时代具有颠覆意义的产业和企业变革趋势。各种数字平台在网络空间的崛起也极具变革意义，它们如"守门人"一般，控制着一般消费者和商业用户的接触渠道，[①] 其发展壮大深度优化了资源配置，改变了企业间的竞争模式，从而为各种制度创新和范式创新奠定了基础。而由其演化推动形成的注重价值网络的产业发展新规律，为创新发展模式、全面改造和提升传统产业提供了历史机遇。从这个意义上来说，作为最具代表性的私营部门，数字平台已经成为网络空间甚至是数字经济发展中最重要的角色之一。所以，在研究转型经济条件下网络空间治理现实困境时，就必须研究作为制度变迁重要主体的数字平台，其出于自利等动机进行的自我规制行为是政府规制的有益尝试和重要补充，更是多元多层治理模式中非常关键的一环。系统研究数字平台通过各种方式进行的自我规制，有助于找到政府规制和平台自我规制的协调和良性互动之路，能大幅度促进目前过于分散和低效的治理体系的变革。

---

① 李世刚、包丁裕睿：《大型数字平台规制的新方向：特别化、前置化、动态化——欧盟〈数字市场法（草案）〉解析》，《法学杂志》2021 年第 9 期。

第一节　超越国家边界的数字平台

一　数字平台及其网络效应与"自我赋权"

（一）作为新的资源配置方式和组织方式的数字平台

平台这一实体存在的历史非常悠久，但"平台"这一概念成为热门研究议题却是近几年的事情。计算机科学、法律、经济学和管理学领域都涉及了对它的讨论，但不同领域对其研究的侧重点并不完全一致。经济学视角下的"平台"一般指的是"双边市场"或"多边市场"。2000 年前后，围绕着美国司法部对微软的反垄断指控，几位美国与法国学者研究发现这种垄断不同于传统的产品垄断，法国图卢兹大学的罗歇（Rochet）和梯诺尔（Tirole）教授将之定义为"双边市场"，自此以后，双边市场成为经济学热门研究领域之一。但欧美国家正式立法中较少使用"平台"（Platform）一词，而更多地使用"网络中介"或"网络中间商"（Internet Intermediary）这一概念。德国 2017 年 9 月颁布的《加强社交网络执行法》中亦出现了"网络平台"（Platform in Internet）这一用语，并将其界定为"以营利为目的而进行运营的，旨在为其用户与其他用户分享内容或向社会公众提供内容服务的网络中介。"①

自从数字化浪潮席卷各国后，很多学者都开始从不同角度对基于互联网的数字化双边市场进行研究，数字平台的研究随即开始兴盛。虽然学者们对数字平台的描述角度存在差异，但基本强调它的几个独特属性：其一，数字平台是载体或媒介，具有连接性，通过连接创造价值；其二，数字平台至少存在两类相互依存的群体，两类或多类用户构成平台的两边或多边，这些群体通过平台发生互动，从而满足彼此的需要，一组群体的决定通过外部性而影响另一组群体的决定；其三，数字平台

---

① 周学峰、李平主编：《网络平台的法律责任与治理研究》，中国法制出版社 2018 年版，第 8 页。

存在着显著的直接或间接网络效应，即平台用户越多越会促使更多用户使用平台，一类群体使用平台会提升平台价值，从而吸引相互依存的另一类群体在平台上互动，两类群体的福利都会增加，产生积极的网络效应；其四，数字平台具有开放的生态系统，也就是说平台是半成品，需要对接其他相关方，构成平台生态系统，才能有效运行。

基于以上属性，从互联网和政治经济学的视角出发，本书认为数字平台是指依托网络信息技术，由稳定的组件（硬件、软件和服务）和规则（标准、协议、政策和合约）构成，为双方或多方交易、互动及交流提供场所和服务的虚拟空间。① 根据形成机制及核心业务，最常见的数字平台是业务交互类平台，包括多种类型：社交平台指主要以社交网络联系作为核心功能的平台模式，其核心职能是为具有相同兴趣或活动趋向的用户提供各种互动、交流和联系的虚拟场所；信息内容平台指主要提供信息内容的检索与传播的平台模式；交易平台主要指为供需双方提供商品或服务匹配和交易的商业模式。近几年，技术 Saas 类平台发展也很迅速，这类平台提供了共享的开发工具和标准化的接口等合作工具，非常有利于数字化产业生态的构建。② 然而，随着平台不断地横向扩张和纵向发展，不同类型平台之间的界限日益模糊，一些平台已扩展成为集社交、支付、内容分享和购物等各种服务功能于一体的综合性基础平台。在网络空间，一系列由大大小小的平台所构成的平台群正在逐步形成，它们从组织形态上更近似于一种"网络生态系统"。

数字平台是平台基于智能技术在数字化时代发展的最新形态，其兴起是"数字革命"的标志性事件。2008 年以后，随着智能手机的普及和人工智能技术的迅猛发展，数字平台发展成为互联网行业的主流企业形式，占据着从搜索到电子商务、金融支付、社交媒体，再到订餐团

---

① 沈丽丽、钟坚龙：《后疫情时代互联网超级平台对国家治理的影响研究》，《中共青岛市委党校·青岛行政学院学报》2020 年第 2 期。

② 国务院发展研究中心企业研究所课题组：《数字平台的发展与治理》，中国发展出版社 2023 年版，第 35 页。

购、交通出行等互联网应用的各个领域。有学者甚至认为，数字平台已经成为继市场、企业之后的第三种主要的资源配置与组织方式。[①]

（二）强化"网络效应"与"自我赋权"的数字平台

依据梅特卡夫定律，随着网络用户数量的增加，网络的价值会呈指数级增长。数字平台是以智能数字技术为基础，连接供给方和需求方，并保证关联方有效互动的中间载体与渠道。作为聚合信息或撮合交易的虚拟空间，数字平台将各方聚集到同一个空间，可以有效整合零散的需求与供给，并进行智能撮合，通过累计式发展产生长尾效应，把"小"变"大"，引发并收获网络效应。因此，数字平台的基本特性就是通过连接而创造价值，进而产生并利用网络效应。

网络效应的存在，一方面通过搜索匹配降低了交易成本，改进了整个平台生态系统的福利，对于需求方而言，可选择的产品、服务和信息的数量、类别与吸引到的生产商、消费者的数量均呈指数级上升，因而更容易买到或找到合适的商品与服务，对于供给方而言，需求者汇集的场所产生了规模经济，有利于利润的增长，间接网络效应就此产生，平台一边用户数量的增加提升了平台另一边用户的效用。另一方面，一旦数字平台拥有了这种效应，双边用户就形成了对数字平台的惯性与黏性，这时数字平台可以反过来影响资金流向与用户选择，它们变成了新型的、极富影响力的社会经济力量，不仅在经济领域影响力巨大，而且成为数字社会的公共基础设施。但数字平台本身难以独立运行，需要在商业生态系统中存在与运行，因此，一经诞生，数字平台就要持续塑造与维护有效的平台商业生态系统，而网络效应是数字平台能够塑造其生态系统的核心因素。因此，数字平台都有极强的主观动机通过将其获得的海量数据转变为新的能量来源，来进一步强化自身的网络效应，以继续巩固其"结构洞"地位，并持续扩大自身规模。最终，平台经济都出现了自然垄断的特点，流量呈现出向主要平台集中的趋势，网络空间

[①] 马丽：《网络交易平台治理研究》，博士学位论文，中共中央党校（国家行政学院），2019 年。

中的巨无霸企业就不断涌现出来。

此外，数字平台这类组织不是传统意义上的企业，而是"企业—市场"的混合体，兼具企业与市场的双重属性，也就是说，它们既提供交易服务或信息服务，是盈利主体，也会提供市场规则与自我规制等公共产品。如阿里巴巴虽然是私营企业，但又在很多领域替代了一些传统上由政府履行的公共治理职能和市场所发挥的调节功能。相比较传统的企业，双重身份的存在进一步强化了数字平台与民众的链接，增加了其对社会公共事务的影响力。一方面，具有市场属性的数字平台知晓规制行为对于其品牌与声誉塑造的重要性，因而有强烈动机来进行更为严格的风险控制。因为平台上充斥的虚假信息、假冒伪劣商品以及各种欺诈行为等，会让其他参与方对其丧失信心，从而威胁到数字平台的品牌价值和商业价值，因此，规制行为与商业利益紧密相关。另一方面，作为企业要求利润最大化的目标与作为市场中的规制主体追求公共利益的目标间也存在严重的利益冲突，① 数字平台的服务协议是其参与规制的重要形式，但其条款可能会增加用户的义务或限制其基本权利，而法律制度却难以直接干预这种看似是平台与用户双方"合意"的契约。既然数字平台兼具企业与市场的双重属性，并且在两种身份间切换时可能会出现严重的利益冲突，那么对数字平台私人规制的讨论就显得尤为重要。

总而言之，数字平台是一套基于软件系统的可扩展代码库，其主要职能是向其用户提供可相互操作的核心功能与界面。通过算法驱动和数据助燃，数字平台具有很强的预测分析能力，进而能提供多样的个性化服务，其崛起带来了创新能力的极大提升、各种生产效率的显著改进和消费者选择的大幅扩展，引发了组织和企业发展模式的深刻变革，加速了商业模式的更迭，已成为当下数字经济发展的引擎。它一方面为传统贸易利用电子商务创造了新机会，促成了如阿里巴巴和亚马逊等线上零售平台

---

① John W. Carson, "Conflicts of Interest in Self-regulation: Can Demutualized Exchanges Successfully Manage Them?" World Bank Policy Research Working Paper 3183, December 2003.

的蓬勃发展，同时也为新型产品与服务贸易创造了可能性，催生了优步以及滴滴等一系列此前未出现过的共享经济新业态。但是，数字平台的迅速扩张已促使其成为一股颠覆性力量，其影响力不断提升也引发了各国新的社会安全风险和矛盾，对其加强规制的呼声也日渐高涨。

二　数字平台作为中心节点的结构地位

（一）网络空间的复杂性

网络分析法突破传统的线性、均衡和简单的研究范式，认为经济、政治和社会生活系统中每一个节点都是相互影响的，而且每个个体对"由所有个体组成的整体网络"都会产生不同程度的影响。因此，网络分析法的核心思想就是从关系的角度出发研究经济社会问题。从这一视角出发，可以发现网络空间主要是建立在互联网基础上的复杂网络系统，呈现出高度复杂的特性。第一，它的节点多样，由多个节点和子系统组成，具有多层次结构。网络空间中的节点可以代表任何事物，既可以是不同网页、服务器，也可以是个人或组织。第二，具有高度开放性。表现在两个层面，其一是网络空间本身对所有节点开放，任何节点只要具备上网的基本条件便可连接到网络空间中从事各种网络行为；其二是指网络空间要受到现实世界的影响，与现实世界之间不断进行着能量和信息的交换。第三，连接存在多样性。节点之间存在不同数量和方向的连接，且各节点的连接权重不同；第四，动态化。表现在节点状态及其连接随时间变化会发生复杂变化，因而，网络结构也是不断发生变化的。第五，存在多重复杂性融合。在特定条件下，节点之间会产生相互作用，节点和系统之间也存在着非线性关系，多重复杂性相互影响，导致互动结果难以预测。

（二）网络空间的复杂系统特性决定了中心节点的存在

1. 小世界效应：从"弱关系"到"强连接"

小世界网络，描述了网络空间等复杂系统的一个共性，即尽管网络规模很大，但任意两个节点之间，却存在一条比较短的路径。例如，在庞大的人际关系网络中，任何一个人可以找到一条相对短的路径，去结识他不认识的其他人。"地球村"就是对"小世界"效应的形象描述。小世界效应的存在正好说明在网络空间中，行为体之间联系的便利性和可行性在不断提高，各行动者之间虽是"弱关系"，但存在"强连接"。[①] 弱关系分布的范围广、重叠性低，借此通道流通的信息较多，信息重复较少，因此，弱关系较之于强关系在信息传播方面具有更好的效果，[②] 弱关系的信息传播效果辅之以彼此之间的强连接，为它们之间的互动和合作奠定了基础。

2. 无标度特性：从"去中心化"到"再中心化"

小世界网络存在一个高集聚系数，用来表示中心节点链接数量的聚集程度，这就是无标度特性。无标度特性是指网络的度分布是幂律分布，大部分节点之间只有比较少的连接，而少数节点则具有大量的连接。无标度特性的存在，使得网络空间同时存在"鲁棒性"（Robustness）和脆弱性。"鲁棒性"也被称为"抗变换性"，用以表示复杂系统对特性或参数扰动的不敏感性。互联网不是正态分布的随机网络，没有一个大多数节点的度数都接近它的特征度数，它是幂律分布的，存在"高度数节点"。因此，互联网既有针对随机故障的"鲁棒性"，也存在针对蓄意攻击的脆弱性。也就是说，互联网有很高的容错能力，随机出现的故障一般不会产生严重后果，但是对基于"节点度值"的选择性恶意攻击而言，其抗攻击能力又相当差，表现出很高的脆弱性。这对基于互联网而形成的网络空间的治理提出了挑战，尤其要防范对于高度数节点的恶意攻击以及由此造成的各国和各组织之间的误解和冲突。

在网络空间及其治理中，"去中心化"虽是其核心价值，但无标度

---

① 马慧：《关系赋权：网络空间的新型权力范式》，博士学位论文，中国人民大学，2018 年。

② Granovetter M，"Economic Action and Social Structure：The Problem of Embeddedness，" American Journal of Sociology，Vol. 91，No. 3，1985，pp. 481 – 510.

特性决定了存在关键节点和能发挥核心作用的主体，网络空间中既有"去中心化"的趋势，也存在"再中心化"的趋势。① 因而，在网络空间治理中不仅要理解权力和权威分散的价值，还要特别关注那些掌握中心节点或大流量的主要国家、跨国公司和核心的非政府组织和个人可能带来的权力集中问题。

（三）数字平台占据了网络空间中的结构地位

根据社会学结构洞理论，社会结构可以分为"无洞结构"和"结构洞"两种形式，"结构洞"强调第三方行动者因占据网络结构的核心位置而获得的优势地位。在强大资源聚集的加持下，数字平台通过接口连接各相关方，构成了平台生态系统，其在整个生态系统中处于核心位置，占据着重要的"结构洞"，其他各类群体都是围绕它运转的，数字平台出了问题，整个数字平台商业生态系统就会崩塌。数字平台企业既是平台的搭建者、接口的设计者、核心基础产品和服务的提供者，也是规则的制定者和核心问题的解决者，其发挥的"结构洞"作用是其他参与者无法比拟的，因而获得了相对于其他各方更高的权威，从而使其能够成为掌握重要私权力的网络空间治理主体，这种私权力实质是将市场凝聚之后而形成的一种垄断性权力。②

第二节 数字平台在网络空间中的权力聚集

一 数字时代权力运作的新逻辑：权力的隐身术

（一）权力隐身的社会条件：数字技术造就的"缺场效应"和符号化

2021 年 10 月 28 日，Facebook 宣布正式更名为 Meta，以便进行战

---

① 马慧：《关系赋权：网络空间的新型权力范式》，博士学位论文，中国人民大学，2018 年。

② 王志鹏、张祥建、涂景一：《大数据时代平台权力的扩张与异化》，《江西社会科学》2016 年第 5 期。

略整合，打造一个"超越现实的元宇宙平台"。Meta 一词取自 Meta-verse，由 Meta 和 Universe 两个单词组成，其含义是虚拟世界和元宇宙。而"元宇宙"这个概念源自 20 世纪 90 年代美国著名科幻大师尼尔·斯蒂芬森（Neal Stephenson）的小说《雪崩》，其中假设了一种场景：未来通过设备与终端，人类可以进入计算机模拟的虚拟三维世界，现实世界的所有事物都可以被数字化复制，人们可以通过数字分身在虚拟世界中做任何现实生活中的事情。因此，所谓元宇宙，指的就是人以独立的数字身份自由地参与和生活的虚拟时空。Meta 将元宇宙作为集团发展的战略方向，间接说明了数字技术主导下未来人类社会发展的方向是进一步地符号化和缺场化。无独有偶，最初提出网络空间概念的吉布森所阐述的网络空间也是这样一种具有符号化和缺场化的想象，他认为网络空间的主要特征是：第一，人们的知觉可以摆脱物理身体的束缚而在网络空间独立存在和活动；第二，网络空间可以突破物理世界的限制而穿越时空；第三，网络空间由资讯构成，因此，有操控资讯能力的人在网络空间拥有巨大的权力；第四，人们因为进入网络空间而成为人机合一的网络人，以纯粹的精神形态而在网络空间获得永生。①由此看来，符号化和缺场化是数字化的网络空间的核心本质特征。

传统的社会空间是人们在各种实地场所通过自己的身体行动和群体交往等形式而展开活动的空间，虽然其形式和内容都非常繁杂，但它最明显的特点是存在的在场性。无论是前工业社会中的游牧、农耕或乡村社会，还是工业社会的市场交易、机器生产或城市社会，都是人们在特定场所中展开的社会行动，都是受到空间范围制约的人们身体活动和社会行动的结果。因此，传统的社会空间是人们身体可以进入、感官可以面对的场所，其形式和内容都具有直接具体性。与传统社会空间的在场性特点不同，网络空间为各种要素的流动提供了新的数字空间资源，这个空间是人们的身体不能进入其中，不能被直接感受到的缺场空间，

---

① 夏燕：《网络空间的法理分析》，博士学位论文，西南政法大学，2010 年。

"缺场"是其核心特征。因此，网络空间是信息流动的全新缺场行为空间，人在社会结构中"位置"的逻辑与意义已经被吸纳在这个缺场空间中了，[①] 它不仅是一种媒介和工具，更是一种生存方式和行为场域，是众多社会生产、生活以及其他社会活动的载体和场域，它的建构和发展吸纳了人类的许多经济和社会活动，特别是人类的思维活动和知识的流通，其主要表现形式是在线互动、信息传递和符号展示。网络空间中的权力关系也已经突破了传统社会的权力结构，知识权力、信息权力和社会认同在网络活动中已经成为强大的社会力量，发挥了影响社会行动和社会秩序的重大权力效应。[②]

与此同时，网络空间也是一个由信息系统和媒介塑造出来的符号世界。在其中，现实世界中的事务被编码成了一种特定的数字符号来理解和分析，这种符号是一种可以被重新解释的携带意义的感知。网络空间中的所有一切，归根结底是一种 0 或 1 状态下的信号流。互联网技术不仅统合了之前所有的信息传媒技术，而且将交互性发展到极致，并进一步向每一个社会成员的日常生活渗透。因此，通过特定规律重新编码和塑造，物和组织等的实体含义在网络空间中被数字技术符号化了，并重新给予了其新的意义和价值。符号化有多重影响，一方面为网络空间的进一步扩展带来了便利；另一方面，正是这种可编码性，带来了隐秘的权力控制的可能性，意味着符号的意义可以被权力重新建构。网络空间中掌握这种权力的主体是掌握了技术和知识的国家和跨国企业，以及商业逻辑和政治权力逻辑主导下的新传媒。

（二）数字时代权力的隐身术

数字技术的迅猛发展带动了人类社会的全方位变革，其中权力的性质和实现方式也发生了重大变化。从表面上看，现代社会中权力的实现

---

① ［美］曼纽尔·卡斯特：《网络社会的崛起》，夏铸九、王志弘等译，社会科学文献出版社 2003 年版，第 505—507 页。

② 刘少杰：《网络化的缺场空间与社会学研究方法的调整》，《中国社会科学评价》2015 年第 1 期。

越来越多地依赖于同意，而非强制，这意味着权力变得难以被支配对象直接感知。权力的实现手段从强制转向同意的这种现象意味着数字时代权力的实现增添了一种新技术，即隐身术。① 权力的隐身术并非意味着强制的消失，而是指权力仍然存在，只是以一种隐蔽的形式存在。通过客观结构的主观化，客观存在的权力变成了行为者的行为倾向和习惯，使得权力在实践中难以被处于权力场域中的个体察觉和感知，支配成为事实上的理所当然，权力也因此实现了隐身。

权力的隐身术与网络社会相结合，呈现出一种全新的权力运行逻辑。一方面，网络社会的到来导致了空间的虚拟化、权力的感性化和弥散化，使得权力无处不在，却又通过数字技术更有效地隐藏了自身。数字技术和互联网的兴起导致网络空间自身的符号化，以及作为新兴大众传媒的互联网对现实空间的符号化改造。网络空间和现实空间正处于融合的过程中，这两种符号化最终也会趋于统一。权力正是通过赋予和操纵网络社会及其结构的符号意义，以及不断构建网络空间中的新知识和新理念，完成了将"客观化的不平等"自然化和无意识化的过程。另一方面，当代全球商业社会进入互联网时代后，通信技术和交通技术的发展重新定义了生产和生活方式，扩大了行动者的行动范围，这使得缺席和虚拟行为变得越来越普遍，人们更多地受到了超出感知范围之外世界的影响。在大数据和物联网的背景下，智能检测技术将所有收集到的数据上传至云端，使每个人都成为被数据量化的自我。算法权力将个人视为可计算、可预测、可被数据度量的客体，而不是真实生活中的主体。② 尽管大数据技术使个人变得越来越透明，但智能化算法的权力行使者却变得越来越隐秘。③ 在这种情况下，权力的运作普遍以一种缺席的方式存在。因此，互联网的出现和带来的结构符号化以及行动缺席效

---

① 陈氚：《权力的隐身术——互联网时代的权力技术隐喻》，《福建论坛》（人文社会科学版）2015 年第 12 期。

② 郑戈：《算法的法律与法律的算法》，《中国法律评论》2018 年第 2 期。

③ 郑戈：《在鼓励创新与保护人权之间——法律如何回应大数据技术革新的挑战》，《探索与争鸣》2016 年第 7 期。

应，为权力的隐身提供了更多可能性。这种新的可能性不仅是互联网和数字化本身带来的权力技术革新，更是现代社会自我运行逻辑发展到数字时代的必然产物。

在网络化、数字化和全球化的社会情境下，权力的隐身术是一种重要的权力实现技术，是全球资本主义、现代治理技术和信息技术发展的综合产物。如果权力的传统合法性是基于理性和认知，那么权力的隐身术则是基于感性和无意识。权力的这种隐身术为数字平台等非国家行为主体掌握更多控制权奠定了基础。

二 数字平台的制度性权力

经济关系是人类社会众多关系的核心，经济领域中物的隐身必然会影响权力关系的变迁。数字平台主导的数字经济是目前经济发展的重要趋势，但数字经济中受到权力制约的主体未意识到权力存在的现象更为普遍。而数字平台在进行自我规制的同时，越来越多地涉及公共利益的保障，它们凭借技术优势和强大的运营能力已经成为数字经济中事实上的重要治理者，是事实意义上掌握隐身支配权力的重要主体，其掌握的第一个隐身权力便是制度性权力。

制度性权力作为一种结构性权力，是数字平台所持有的一种基于制度创设或修改的间接性权力。与强制性权力相对，制度性权力通过特定规则和程序定义相关制度，从而约束其他行为体的行动和存在条件，使其不得不按照既定的关系结构和办事方法行事。这种关系结构和办事方法决定了其中行为体的选择空间，使得行为体的行为和彼此之间的互动能够产生预期效果，[①] 平台就此通过制度实现了对其他行为体的间接控制。

数字平台通过制度建构对规制对象实施了实质约束，决定了用户可以看到的绝大部分信息内容及其呈现方式，其产品及其用户使用协议就是其议程设置权力的最好载体。法律在互联网领域适用的滞后性与数字

---

① Michael Barnett and Raymond Duvall, "Power in International Politics," *International Organization*, Vol. 59, No. 1, 2005, pp. 39 – 75.

技术的逐步成熟赋予了电商平台制定线上交易规则的必要与可能,[①] 而平台交易规则名称上已经使用了制度、准则、规范、规则、协议等词汇,说明其治理行为已经超出了普通民事关系中平等主体的范畴。用户在注册服务协议后,平台就有权依据交易规则要求用户遵守协议规定,并根据这些服务协议实施一系列治理行为。

总的来说,这种基于制度建构产生的对非对等身份关系的支配和影响,构成了数字平台相对于其他主体的制度性权力。制度性权力强调数字平台与被支配对象在社会中的分离,它们之间只存在空间或时间上的间接联系。在空间维度上,数字平台并不直接拥有权力资源,但由于与相关制度安排有特定关系,因此可以行使权力,其权力是通过社会延伸和制度分散的关系发挥作用的,因而,其治理行为仅是通过制度结构间接影响其他行为体的行为或环境。在时间维度上,在某一时刻建立的制度可能在以后的任何时刻对相关要素产生持续和非预期的影响,这种长期存在的制度影响塑造了数字平台的特权和持续影响力。[②]

三 数字平台的技术性权力

(一) 技术的非中立性和数字平台的技术优势

很长时间以来,从狭义的视角出发,人们把技术视为一种征服和改造自然与社会的力量,是人对物的一种支配力,具有中立性特征,并不直接涉及人与人之间的支配与控制关系,[③] 其本身与权力也不产生直接联系。[④] 然而,人对技术的控制和支配对他人利益造成的影响却是客观

---

① 胡光志、何昊洋:《电商平台私权力的经济法规制》,《西南民族大学学报》(人文社会科学版) 2023 年第 7 期。

② Michael Barnett and Raymond Duvall, "Power in International Politics," *International Organization*, Vol. 59, No. 1, 2005, pp. 39 – 75.

③ 王伯鲁:《技术权力问题解析》,《科学技术哲学研究》2013 年第 6 期。

④ 刘永谋:《机器与统治——马克思科学技术论的权力之维》,《科学技术哲学研究》2012 年第 1 期。

存在的，也就是说，除了自然属性，技术也具有社会属性，对技术的理解需要放置在社会全景之中。所以，技术与权力的关系并不是绝对的，在技术对人的利益构成直接影响和控制的情形下，技术的工具性作用往往会失去纯粹性，与控制或欲望结合在一起，从而具有了一定的权力属性。①

技术与知识密不可分，而知识中蕴含了权力因素，福柯指出，不相应地建构一种知识领域就不可能有权力关系。② 拥有知识的主体，通过有意识地引导共有知识的产生，从而实现了权力的输出，达到影响其他行为体行为偏好的目的。所以，科学的政治化使得科技成为一种重要的权力输出方式。③ 彼得·哈斯等学者就将科学技术当成了一种独立的权力机制，他们认为连接科学技术与权力的节点是共有知识，因为它可以塑造行为体对自身和其他行为体的利益认知，④ 特别是对其他行为体利益认知的塑造作用，形成了一种重要的权力来源。技术的作用既可以塑造新的权力格局，也可以强化既有的权力格局。

决策权是网络空间中的关键权力之一。因此，谁拥有最终决策权成了核心问题。数字平台是网络空间生态系统中拥有最多科技知识的主体之一，因而拥有关键的决策权。技术成为其决策权背后的支撑物。此外，在关系视角下，权力不是单方面的支配和掠夺，而是一个支配集团获得了人们的普遍承认。⑤ 在数字平台权力的形成过程中，权力体现为成员间在交往过程中自然形成的影响力，这种影响力不是组织法定授予的，而是被成员自觉认可的，这种自觉认可主要是因为平台具有远超其

---

① 方兴东、严峰：《网络平台"超级权力"的形成与治理》，《人民论坛·学术前沿》2019 年第 14 期。

② ［法］米歇尔·福柯：《规训与惩罚》，刘北成、杨远婴译，生活·读书·新知三联书店 2019 年版，第 29 页。

③ 任琳：《多维度权力与网络安全治理》，《世界经济与政治》2013 年第 10 期。

④ Rolf Lidskog and Sundqvist Göran, "The Role of Science in Environmental Regimes: The Case of LRTAP," *European Journal of International Relations*, Vol. 8, No. 1, 2002, p. 7; Peter M. Haas, "Do Regimes Matter? Epistemic Communities and Mediterranean Pollution Control," *International Organization*, Vol. 43, No. 3, 1989, pp. 377–403.

⑤ ［意］安东尼奥·葛兰西：《狱中札记》，葆煦译，人民出版社 1983 年版，第 316 页。

他成员的技术优势和知识优势。[①] 因此，数字平台不仅具备传统企业的经济资源和市场地位等优势，而且还获得了新的权力基础，即技术。技术的优势主要体现在平台对代码的掌控上，掌控了代码就相当于控制了用户的网络应用行为。[②] 网络空间的形成和发展，依赖于最先进的复杂科学技术和知识，而数字平台掌握了其中的绝大多数，相比其他领域，数字平台拥有的技术优势和知识优势具有压倒性。而且，由于新技术的研发和掌握具有高门槛性，在网络空间，技术优势及其权力的分配便时刻伴随着"马太效应"，掌握了高端技术的主体享有难以超越的技术优势，随着优势的扩大，逐渐在技术进步与落后主体之间形成了两极分化的态势，即强者越强，弱者越弱，进一步固化了超级数字平台的垄断权力。

（二）技术与权力结合的必然——由技术优势产生的技术性权力

网络技术的发展是网络空间这个复杂系统中互联网企业、用户和政府等不同主体之间互动的结果，网络技术的发展和推广过程是数字平台实现其技术理性和经济理性的过程，也是其私权力最重要的来源之一。一方面，数字平台利用技术手段不断将抽象的网络技术整合为具体的服务和应用，以满足用户的需求或不断创造新需求，因而，他们是网络技术的创造者和推销者，引领着网络技术的发展方向。另一方面，在很大程度上，数字平台盈利模式的改进和经济利益的实现依赖的是技术的持续创新与发展，它们有推动技术不断发展的强大动力。所以，在数字平台等主体的积极推动下，网络技术不断推陈出新，但就在这个更新过程中，产生了技术鸿沟，以及由此造成的权力失衡。

如果大型企业拥有获取技术信息的特权，并能够通过其专业知识和

---

① 陈青鹤、王志鹏、涂景一等：《平台组织的权力生成与权力结构分析》，《中国社会科学院研究生院学报》2016 年第 2 期。

② 周辉：《技术、平台与信息：网络空间中私权力的崛起》，《网络信息法学研究》2017 年第 2 期。

物质资源掌控技术革新进程，那么它们就享有了技术性权力。[①] 在数字平台生态系统中，用户通过平台提供的技术手段实现多方互动，但这些互动必须按照平台设定的规则完成，这些规则表面上体现为具体的协议文本，但实质上是以代码作为技术规则来实现影响的。平台制定的规则可以直接影响用户，而用户没有议价权，只能遵从，这体现了技术所带来的权力准则。数字平台的算法、过滤和加密等技术构建并决定了信息在网络空间中的传播和解读方式。这些技术架构实际上规制了网络空间中的信息流和行为取向，从而主导了网络空间中的权力和财富分配。因此，技术优势可以从多个维度内生化为数字平台的权力。

作为网络空间的直接管理者，平台拥有的技术优势成为其支配和影响其他私人主体的基础。在网络空间里，平台独特的技术资源、信息资源和市场优势可以转化为支配力和影响力，构成平台治理权的基础。技术优势的掌握和运用促成了权利向权力的转变和转移。由于技术优势，平台获得了相对于其服务对象和竞争对手的支配力量——这种支配力量可以显著地"影响"服务对象的选择范围，塑造其网络行为的模式，设定其网络行为的过程。例如，平台可以通过深度学习、推荐算法、排行榜等技术手段影响用户获取信息的范围和途径，而利用大数据和云计算等技术获取个人身份信息及行为信息进行精准营销和特定信息推送已成为常态。

此外，在网络空间中，各种服务和业务之间存在明显的层级结构。这意味着，不仅存在一种服务支配另一种服务的情形，还涉及服务提供者和接受者之间的不平等关系。在某些服务关系中，双方的技术、信息和其他资源存在严重的不对称性，导致服务提供方拥有更大的决定权，可以决定是否继续提供服务以及提供何种服务。此外，在服务过程中，服务提供方还可能收集服务接受方的数据信息，并对其使用服务的方式

---

① Robert Falkner, "The Business of Ozone Layer Protection: Corporate Power in Regime Evolution," in David L. Levy and Peter Newell. eds., *The Business of Global Environmental Governance*, Cambridge: MIT Press, 2005, pp. 105 – 134.

产生指导性影响。这种不均衡关系使得数字平台相对于其他服务提供者和服务接受者拥有主导地位，处于层级结构的顶端。这种优势地位的形成源于一种新型的不平等现象，即由于技术架构的原因，平台与其他私人主体之间的平等关系被打破。与以往依赖于传统社会资源和经济资源不同，这种不平等更多地依赖于技术架构优势等资源。也就是说，平台因拥有底层技术架构优势，从而具有了相对于其他方的优势地位，进而具有了主动打破既有均衡的能力和机会。微软黑屏事件展现的就是其背后的技术实力，《淘宝规则》的背后同样有基于技术的影响力。

作为数字交易平台，淘宝提供了完善的"交易规则"与"互动环境"，并向不同的用户开放，从而促使他们彼此相互吸引，共同壮大。在淘宝平台上，用户们利用其提供的技术手段实现了数字化的交易和互动。在现实世界中，尽管传统平台可能提供交易规则，但其对用户行为的约束力往往难以在具体交易中得到内化。然而，在数字化交易中，用户必须严格遵守平台设定的规则，这些规则表面上是交易准则，但在实施过程中却以技术规则的形式呈现。由于数字交易必须遵循相应的技术规则和流程，因此平台设定的交易规范可以直接内化在所有交易活动中，并具有直接的实施效力。《淘宝规则》针对特定对象设定了行为准则，违反规则可能会导致一系列不利后果，尽管这些规则没有法律授权，不会直接产生法律后果，但仍然具有可执行性。特别是对于违反规则的对象，可能会遭受经济损失等直接后果，而在获得司法救济之前，这些后果可能已经产生。这意味着数字平台凭借其在网络空间中的优势技术和资源，在某些方面具有相对于其他主体的优势地位，能够影响他们的选择并设定新规则。相应地，其他主体在一定程度上成为受影响甚至被支配的对象。[①]

总之，平台经济中的参与者都拥有一定的网络权力，但网络权力因参与方对不同网络节点的控制和影响能力不同而表现出非对称性，如果

---

① 周辉：《从网络安全服务看网络空间中的私权力》，《中共浙江省委党校学报》2015 年第 4 期。

把作为平台的私主体与平台上的其他私主体都视为网络空间中链接节点的话，那么它们分别就是存在"不平等"关系的"枢纽节点"与"普通节点"，① 数字平台作为枢纽节点的地位远超其他参与者，其他企业和用户往往受制于数字平台的权威。网络空间中信息资源和技术能力的差距使得数字平台具备了更强大的影响力，从而能够左右弱势方的行为。因此，数字平台依靠对技术、信息和资源的掌控，获得了相对于普通网络用户的优势地位。这种优势地位赋予了数字平台巨大的支配和影响能力，并通过与用户签订契约的方式合法化其支配权，从而成就了一种新的权力形式。因此，对于数字平台上的普通经营者和广大用户而言，除政府的控制外，数字平台这一私主体也在行使着控制权。②

四　数字平台的话语性权力

话语权包含了两个层面的含义：一是话语权利，指的是说话者发言的资格与权利；二是话语权力，指的是说话者对其他社会成员产生影响的能力和权力。在现代意义上，话语权不仅关注发言者的权利和资格，更关注影响和控制舆论的能力和权力。因此，不同行为体之间的话语竞争实质上就是一种权力的竞争。总体而言，话语权主要是通过施加内部限制，进而影响、塑造或决定他人的观念、认知、偏好或愿望，使其自愿遵从现有秩序③，从而发挥其塑造作用的权力形式。这种权力形式是最重要的隐性权力之一。就治理领域而言，话语性权力是一种行为体通过构建规范和观念来影响政策和政治过程的能力，在政治进程中能够影响政策问题和解决办法的构建。④ 具体到数字平台的话语性权力，主要

---

① 周辉：《从网络安全服务看网络空间中的私权力》，《中共浙江省委党校学报》2015 年第 4 期。

② 韩新华、李丹林：《从二元到三角：网络空间权力结构重构及其对规制路径的影响》，《广西社会科学》2020 年第 5 期。

③ Steven Lukes, *Power: A Radical View*, Houndmills: Palgrave Macmillan, 2005, p. 28.

④ Doris Fuchs, *Business Power in Global Governance*, Boulder: Lynne Rienner Publishers, 2007, pp. 112 – 114.

包括数字平台的解释权和舆论引导权。

（一）数字平台的解释权

话语体系的结构和构成方式在很大程度上体现和维护着社会结构和权力运行规则，它不仅是人类表达情感和意见的工具，更是构建社会权力结构的社会实践本身。在网络空间中，话语通过数字技术和网络媒体进行广泛传播，由于传播成本较低、效果更为突出，数字媒介平台的出现促进了新的话语权力的产生和再生产，形成了独特的话语权力体系。

数字平台掌握了网络空间中的核心话语性权力——解释权。"解释"可以给规则、事务等赋予特定的含义，从而成为一种重要的权力来源。数字平台的解释权通常与界定网络构建、网络运行和网络安全问题及其技术性解决方案时所需的"特殊知识"紧密联系，主要表现为对网络空间属性的界定、价值取向的塑造、制度规范的阐释等。解释权通过塑造有关网络空间的共识和标准，构建了特定的话语体系，而通过解释权塑造共识和标准的行动，使得解释权客观化和自然化了，成为知识和标准的一部分。基于议题中"特殊知识"的重要性，话语性权力在某种程度上变得与技术性权力类似，能够确立网络问题解决方案相关技术和经济上的可行性。数字平台在和其他行为体的互动中通过解释网络空间的结构、属性和规范等实现了其他行为体对网络空间的认知和理解，进而重塑了网络空间本身。数字平台基于营利的目的和治理的意图，会积极传播、阐释和推行它们崇尚的网络空间价值和规范，如开放、互联、透明、自治、协作等。

解释性权力在网络空间发展的早期阶段和权威性规范尚未完全成型的时期具有较为显著的重要性。网络空间是一个相对较新的战略与安全领域，具有高度的互联性、复杂性和不确定性，人们对它的认知还处在萌芽阶段，其发展也存在着一系列的灰色地带，这一领域的国际制度、法规和机制建设也刚刚起步，治理规范存在着相当大的模糊性，国际共识稀缺，围绕网络空间是全球公域还是主权可以发挥主导作用的争论也仍在持续。因此，处于网络空间治理创始阶段的制度建设和其他导向性话语都存在很大的解释空间。数字平台在这一解释性任务中抢占了先机，掌握了主导话语权，获得了巨大的先行者优势，不仅引导人们接受了以它们为主导的多利益相关方治理模式，还为网络空间治理定制立规，掌握了强大的解释性权力。

（二）数字平台的舆论引导权

互联网是新型的传播媒介，而数字平台是其中的核心角色。舆论的形成必须依赖意见信息的流动、扩散和聚合。从信息传播角度看，在传统媒体时代，新闻媒体掌握着信息的传播渠道和信息内容的解释发布权，容易形成有组织和有影响力的舆论氛围。因此，各主体往往借助新闻媒体来构建传播框架、设置议程、形成新闻热点、提供主流意见，以引导人们趋向其倡导的意识形态或价值观念，使社会舆论按照其预期的方向流动。但是到了数字时代，这一情况发生了根本改变，新的媒介形式和传播方式不断涌现，网络传播日渐成为社会舆论形成的重要渠道。在此背景下，社交媒体平台已经成为社会热点事件的重要信息来源和各种观念的聚合地，对社会舆论和传统新闻业的议题设置产生了巨大的限制性影响，其强大的影响力与传播效果实质上具备了影响公众舆论的能力。[1] 随着互联网技术应用的日益普及，网络社交媒体平台的使用人群日渐增多。在这些平台上，由于信息生产和内容制作技术的便捷，以及信息发布渠道的多元，各种各样的新闻信息、观点意见以快捷、交互和个性化的方式流动。传统新闻媒体原有的信息生产和发布的垄断性地位被颠覆，传统新闻编辑的职业工作被算法所稀释，算法将传统编辑的把关权力进行了"程序化收编"，[2] 媒体格局、舆论生态、受众需求和传播路径等都发生了彻底改变。在这一过程中，由于互联网的技术规则和信息规则大部分都由数字平台建构，因此数字平台在客观上占据了网络

---

① 闫宇晨：《社交平台私权力的滥用及其治理》，《公共管理与政策评论》2023 年第 4 期。

② 喻国明、杨莹莹、闫巧妹：《算法即权力：算法范式在新闻传播中的权力革命》，《编辑之友》2018 年第 5 期。

空间舆论的"话语霸权",它们不仅是内容制作的主要力量,也是信息发布和流动的核心通道,不仅决定了信息的制作和发布渠道,还决定了信息的呈现方式和触达人群,甚至决定了信息流动的管制程度。这种舆论引导权需引起人们的高度重视和警惕。

总之,数字时代的权力运行有了新的逻辑,权力不再表现为直接的控制和强迫,而是基于数字技术带来的符号化和缺场化,通过塑造制度、追求技术优势和建构规范,实现了自身的隐身。数字平台就因为掌握了制度性权力、技术性权力和话语性权力,从而达到了整合网络空间各种资源的结果,取得了相对于其他行为体的优势地位,进而具有了规制其他行为体的超级权力基础。

第六章

数字平台私人规制的兴起及其合法性

第一节　数字平台对网络空间及其治理的重新建构

在数字治理领域，除了国家行为体，其他非政府组织、跨国公司和个人等非国家行为体的传统角色、身份和功能也处于再定义的过程中，多元化行为体共同塑造了治理的新模式。① 在网络空间中，这种基于权力转移的新治理模式也在不断建构中。

一　网络空间治理中政府和社会对数字平台的结构性依赖

（一）网络空间治理中的私人权威及其价值

在信息时代，不同行为体掌握着不同的权力资源，虽然大国仍然掌握着更多的权力资源，但权力已经扩散了，其他行为体将和政府一起分享权力的舞台，一方面，网络空间的权力构成受到传统政治的影响，权力结构是现实世界权力结构的投射，比如西方发达国家政府及其私营部

---

① Klaus Dieter Wolf, "Emerging Pattern of Global Governance: The New Interplay Between the State, Business and Civil Society," in Andreas Georg Scherer and Guido Palazzo eds., *Handbook of Research on Global Corporate Citizenship*, Cheltenham and Massachusetts: Edward Elgar Publishing, 2008, pp. 225 – 248.

门控制了各种基础设施和标准的管理权，在网络空间仍然占据主导地位。另一方面，在网络空间中逐渐出现了属于其特有的权力生成方式——权力累加，将个体拥有的微观权力通过网络连接形成一个庞大的权力网络，从而具有巨大影响力，这种全新的权力生成方式与现实空间中的权力生成机制并无继承关系，因而是相对独立的。从权力与行为体的结合来看，网络空间中的微观权力能够通过网络聚合实现有效的宏观化，从而为私营部门和公民社会在治理进程中发挥影响提供了支撑。私营部门和公民社会有意愿参与治理，网络使微观权力能够通过累加而形成足以影响网络空间治理进程的宏观权力，二者结合起来，形成了以私营部门和公民社会为权力主体，以微观权力为基础，通过关注、转发等方式累加和实施的，与传统政治相对独立的网络权力生成体系，这意味着私营部门和公民社会在网络空间中拥有了独特的权力和权威来源。

相对于传统控制性"权力"强调对暴力资源的控制和对他人的影响，隐身了的实践性权力和权威则侧重于因履行职责和提供公共产品而形成的尊重和"认同"。在实体国际关系中，国家是具有法理合法性的暴力拥有者，可以在地理疆界内通过制定法律和规则实现经济、政治与社会关系的整合，同时，在国际层面上，可以通过谈判缔造条约，形成国际机制。在网络空间中，却存在多元的权威中心，私营部门和公民社会不拥有传统意义上的权力，却因专业性和对公共利益的部分满足而获得了较高权威。私营部门和公民社会的全球利益和价值取向使它们有建构私有权威的强烈意愿，同时，因网络技术的赋权，私营部门和公民社会在网络空间中拥有的社会资本和关系网络远比在现实空间中大，它们获得了相较于政府更多的行动自由和资源，也使得它们有建立权威的能力。而且，网络空间中巨大的"权力真空"也为建立有别于政府权威的其他形式的"权威"提供了空间，私营部门和公民社会便在政治权威薄弱的环节实现了治理职能的替代，建立起了自身在网络空间治理中的权威，由此形成了网络空间治理中的多元权威中心。

在国际政治经济学研究中，"私有权威"（Private Authority）和"公共权威"（Public Authority）是区分不同主体价值的重要概念，政府是具有公共权威的最主要行为体，而私营部门和公民社会则通过确立最佳实践和制定标准等途径在网络空间中获得了各自的私有权威并不断使之合法化。杰西卡·格林（Jesscia Green）提出了"自发型"和"授权型"两种实现自身权威合法化的途径。① 所谓"自发型私有权威"（Entrepreneurial Private Authority）是指私营部门和公民社会通过各种途径实现自我合法性的权威，而"授权型私有权威"（Delegated Private Authority）则指公民社会和私营部门通过国家或国际组织的授权而获得的权威。在网络空间中，私营部门和公民社会同时具有授权型和自发型两种途径，来实现自身私有权威的合法化，成为重要的多元权威中心之一。它们本质上是通过社会政治领域、经济领域或技术领域的专业知识、国家明示或暗示的委托或者社会中具有重复性的社会实践而获取和行使其权威的。②

数字平台作为网络空间重要的私人行为体，成为这种私人权威的主要行使方之一，而私人权威的持续累加会转化为平台的私有权力。从治理效能的角度看，数字平台私人权威的崛起有助于在网络空间构筑多元、多层的治理体系，改善治理成本和治理效率结构，提高治理机制的合法性和有效性。

（二）数字平台成为网络空间治理中的核心角色

私人权威的扩展引起了广泛的权力转移，而在权力向私营部门不断转移的过程中，数字平台因为技术和网络效应等优势形成了与公权力相对应的私权力，这是一种来源于市场或技术的经济性权力，与公权力来源于宪法的政治性权力相对应。③ 并且，平台作为商业架构和组织模式

---

① Jessica Fischer Green, *Private Actors, Public Goods: Private Authority in Global Environmental Politics*, Ph. D. Dissertation, Princeton University, 2010.

② Diner Hasia R., "Book-review Kosher: Private Regulation in the Age of Industrial Food," *Business History Review*, Vol. 22, No. 2, 2014, p. 88.

③ 许多奇：《Libra：超级平台私权力的本质与监管》，《探索与争鸣》2019 年第 11 期。

的出现意外且快速地拓展了私权力的衍生空间。[①] 目前，平台型企业已经成为互联网行业中的主流，占据着从搜索引擎到社交媒体、电子商务、金融支付，再到交通出行等互联网应用的各个领域。由于普遍存在的流量"马太效应"，网上市场形成了平台占支配地位的市场结构，而且，平台企业拥有的技术禀赋也赋予了其超越市场的身份，平台的整合与吸附能力日渐强大，促使平台影响力不断向外延展，催生出了更广泛的权力效应。平台权力体现为平台拥有者对参与主体、资源、信息和数据等平台要素的掌控能力，是将市场凝聚之后形成的一种垄断性权力。[②] 特殊市场结构和新的技术应用重塑了网络空间中不同主体之间的权力结构，数字平台正在获得越来越多的权力，在平台结构链中处于越来越强的主导地位，使之从"公权力—私权利"的二元结构转变为"公权力—私权力—私权利"的三角结构。[③] 这种三角结构孕育了新的市场治理秩序和实现方式，一方面，强势的数字平台通过控制代码和信息技术获得了技术权威；另一方面，借助在市场中的支配地位，数字平台对其他商户和用户拥有了直接的、较高程度的控制权，用户及其他利益相关者习惯于平台提供的各种服务，但本身是在被平台所支配。平台在很大程度上代理了原本由政府来承担的社会公共服务与公共政策的制定和执行，正在部分替代传统政府的职能，这使得平台实际上处于网络空间治理的中心。如何有效利用其治理优势，同时又对其可能存在的权力滥用对网络和社会产生的严重负面影响进行规避，是网络空间权力结构重构影响下选择规制路径的基本考量。

（三）政府和社会对数字平台的结构性依赖

伴随着数字平台私人权威的进一步提高，其与其他行为体之间的相

---

① 何昊洋：《大数据杀熟背后的平台私权力及其法律矫正》，《重庆大学学报》（社会科学版）2023 年第 9 期。

② 方兴东、严峰：《网络平台"超级权力"的形成与治理》，《人民论坛·学术前沿》2019 年第 14 期。

③ 韩新华、李丹林：《从二元到三角：网络空间权力结构重构及其对规制路径的影响》，《广西社会科学》2020 年第 5 期。

互依赖也越来越不具有对称性，它们已成为数字环境中的"结构性角色"① 和人们最为倚重的关键公共基础设施。基于此，过去几十年中，随着移动云计算、大数据等新技术的应用，数字平台在经济多元化发展、科技创新和思想传播等方面的表现亮眼。同时，数字平台通过依托强大的信息资源和先进的人机互动技术以各种各样的方式深刻影响着国际社会各种行为体的行为方式和思维方式，数字平台不只是和互联网相关，它决定着人们的生产和生活方式，已成为各国安全、政治和经济的重要战略支点。数字平台提供了新的传播和交流渠道，将处于世界各地的人们连接起来，各国政府要高度依赖它们来实施治理，私营部门也要利用它们来开拓新业务，发现新市场，通过数字贸易在全球范围内进行商品和服务贸易。随着影响力的进一步扩展，数字平台在人们生活中的作用还将进一步增大，人们对它们的不对称相互依赖显示出了一定的结构性。

一方面，数字平台在经济增长、投资、就业、税收和创新等方面的关键作用使得政府对其也产生了结构性依赖。理论上，政府可以采取直接管理用户的方式来治理网络空间，但庞大的用户数量意味着政府难以摆脱对平台技术和信息的依赖。此外，在全球范围内，用户对政府直接干预网络管理的敏感度较高，这促使各国政府更倾向于委托网络中介来间接行使治理权力。在数字经济治理领域，这种结构性依赖表现得更为明显。当然，这种结构性依赖还源于数字平台拥有的特殊资源和结构性权力——数据和技术性权力。网络空间中的数据是重要的知识和资源，是网络时代中的权力和财富来源，因而，数据能力成为衡量网络空间中行为体实力大小的重要指标。因拥有数据资源的规模和处理数据的能力不同，行为体的发展将会出现新的不平衡，现实社会中的权力结构和分配结构由此而不同于往日。数字平台通过特定应用汇聚了海量的用户，并垄断这些用户大规模、多维度的历史数据和实时动态数据，再借助超

---

① Gasser Urs and Schulz Wolfgang, "Governance of Online Intermediaries: Observations from a Series of National Case Studies," *Korea University Law Review*, No. 18, 2015, pp. 9 – 98.

强的数据处理能力，吸附这些主体大量的注意力资源，强化用户黏性，进一步"锁定"用户，并借助用户和数据优势，向新的互联网领域、传统行业甚至传统公共服务领域渗透和扩张。因为这种锁定效应，事实上原本属于个体的很多权利都转移到了平台，从而造成其他主体对平台的严重依赖。另一方面，解决网络空间治理问题，技术治理是关键，那些掌握核心技术的商业行为体能够利用其技术性权力在网络政策形成和规则调整时扮演关键角色。在网络空间治理实践中，数字平台不仅在决定应用技术研发和推广投资时担任重要的政治角色，将那些更符合自身利益的技术引入并制度化为网络空间治理的重要选择，同时还能够利用其技术性知识在政府设计相关管制性规则时向其施加影响。

二　数字平台对网络空间秩序属性的革新

网络空间是复杂系统，意味着其秩序只能是多方异质力量在互动的过程中构建的，因此，随着网络空间中权力在市场、国家与社会之间的重新分配，私营部门和公民社会也可以参与网络空间中的价值分配过程，而多元化的行为体带来的多元利益诉求必然带来网络空间治理平台的多元化，并导向一种多元利益博弈的全球性秩序。因此，在网络空间中，曾经基于国家权力对比而形成的国际秩序将让位于因网络技术介入而导致国家权力流散而形成的一个多元化权威的全球秩序结构。因此，本书所探讨的网络空间治理秩序并不是基于单一维度的国家权力对比所形成的秩序形态，而是基于网络化时代源于多元权威和多重结构的新秩序形态。

网络空间中公共权威和私有权威共存形成的治理状态，就如约翰·鲁杰（John Ruggie）形容的中世纪秩序形态，他认为中世纪的统治基于相互重叠的"混合物"（Patchwork of Overlapping），以及不完整的国家权力，这种秩序是一种相互重叠且极其紊乱的形态，代表着一种"类似网格状的权威关系系统"。① 在网络空间中，国家间不存在明确的虚

---

① John Gerard Ruggie, "Continuity and Transformation in the World Politics: Toward a Neorealist Synthesis," *World Politics*, Vol. 2, No. 35, 1983, pp. 261 –285.

拟边界，其治理过程是一种权威的投射，而不是主权的约束，权威也是相互重叠的混合物，并不以清晰的国家边界为基础，国家的边界和主权也不能简单界定个人的忠诚与身份。在网络空间中，这种"混乱"的秩序形态具体表现为，政府，私营部门、公民社会等多元化的主体在"非领土化网络"（Aterritorial Networks）中，共同拥有相互重叠的权威。在这种多层次的权威结构中，个体则具有多元化的忠诚和认同，在民族属性上他们忠诚于国家政府，而在社会文化和活动上则可能忠诚于各种虚拟社区和组织。同时，在网络空间的秩序逻辑中，互相重叠且相互竞争的权威不是特例，而是治理秩序的常态。全球公民社会逐渐成型和其在网络空间中发挥的独特引导作用，以及以数字平台为代表的私营部门在网络空间中的权威表达，已经表明这两种权威正在与国家权威竞争、重叠，并促使形成了多重治理结构。

第二节　政府治理网络空间的困境及数字平台私人规制的兴起

一　政府治理网络空间的困境和局限

网络空间的扩展及其与现实空间的融合产生了诸多负面问题，亟待公共规制，而网络空间变化之快、规模之大以及参与者关系之复杂，也给传统的政府规制带来了诸多困境。

（一）网络空间对政府规制的冲击

1. 网络空间的匿名性加大了政府规制的难度

网络空间的符号化和缺场化导致了匿名性（Anonymity）的产生。缺场化意味着不可见性——没有人知道活动主体是什么样，所以会有不可知性——别人不知道活动主体是谁，进而导致了不确定性——没有办法断定活动主体言行的真实性。由于缺乏面对面的交流，缺场性还会造成行为的非同步性（在互联网上有同步的交往方式，如聊天室，也有非同步的交往方式,如网上社区)。在非同步的交往方式下,活动主体的行为不会被实时看见和反馈,而是被符号化了的身份信息和行为信息所代替,行为者不会产生担心立即的行为反应的心理压力。匿名性是网络空间的重要情境特点,也是影响网络空间中各种行为的重要因素,它会降低违法违规成本,从而导致更多的违法违规行为。与此同时,匿名性导致网络违法违规行为的可追溯性又大幅度下降,进一步加大了政府规制的困难。

2. 网络空间的跨地域性冲击政府的属地管理体制

政府及主权是基于属地原则的,而网络空间是虚拟互联的,这二者之间存在难以调和的结构性矛盾。在国内,大部分国家传统的社会管理模式以属地管理为主,将国家划分为不同层级的行政区域,形成自上而下的金字塔式管理体系。在国际社会,各国也基于清晰的边界实施主权管辖。网络空间完全打破了地域限制,各类平台提供集中化的市场以服务广泛分散于世界各地的组织和个体,具有"一个平台、服务全球"的特征,冲击了以真实物理空间和特定地理位置为基础构建的属地管辖原则和市场体制,造成了平台的跨域运营与经济活动属地管理之间的紧张关系。在国际上,产生了数据能否跨境自由流动,如何自由流动,如何平衡网络主权和网络公共性之间的关系,以及各国法律法规如何在网络空间进行协调等问题。因各国差异巨大的网络空间治理规则分割而造成的网络碎片化问题始终困扰着网络的全球互联互通。而在国内,平台经济的发展对传统经济社会条块分割与层级区域管理等治理模式带来了冲击与挑战。一方面,各地方政府不具备平台准入资质与具体运营等方面的信息,因此很难对服务全国的统一数字平台展开具体的监管与执法,而且各地监管规则与执法能力又存在巨大差异,导致政府的规制行为无法形成稳定预期。此外,管辖权的分散带来的市场分割和行政壁垒,会进一步加剧监管和执法的碎片化问题,从而会进一步增加平台经济新业态的合规难度。① 另一方面,平台都是网状化运营的,集合了信

① 马丽:《网络交易平台治理研究》,博士学位论文,中共中央党校,2019 年。

息服务、媒体和商务三大功能，呈现出跨界融合的混业性，这给传统基于行业类别建立的法规框架和监管体系造成了冲击和挑战。各类数字平台正在高速引入各种新的商业模式和业态，尝试渗透进更多的领域，以消除行业之间的壁垒，实现更高程度的融合，这又给政府的规制带来了职能和职权划分等各方面的挑战，多个政府职能部门的职责和监管权延伸并汇集于同一个网络行为，导致了网络监管职责边界不清、权限冲突或重叠等问题，在实际工作中难以形成合力，监管冲突与监管缺位并存，从而影响了政府规制的实效。

3. 网络空间治理对象的海量规模与政府治理资源的有限性之间存在张力

由于突破了物理空间的规模限制，网络空间中各类信息和行为的数量可以无限增长，网络空间和现实空间的深度融合也会催生出区别于现实空间的各种新网络行为，需要规制的网络内容自然会成倍地增加。而且，网络空间的隐匿性更容易吸引各类违法活动，进一步增加了网络违法违规行为。但各国政府的财政能力、技术设备和人力在应对数量庞大的网络违规行为时很容易捉襟见肘，形成刚性约束。单就网络交易而言，电子商务的发展已经支撑起一个在广度和深度上都前所未有的全球大市场，不同于传统的贸易，电子商务是点对点的高频交易，每天流通于其中的资金、信息和货物都是海量的，面对如此庞大的交易体量，仅靠有限的政府力量根本无法实现实时、有效的跟踪和监督，规制部门一直面临着规制资源赶不上规制对象增长的困境。更突出的问题是，平台经济应用了最前沿的商业模式和技术手段，其造成的负外部效应问题往往涉及前沿专业知识，但普通的政府执法人员往往缺乏科技专业背景，专业素养也不足以应对前沿科技治理难题。

（二）政府规制网络空间的内生性困境

1. 政府存在认知局限

政府对网络空间的认知局限主要体现在两个方面：其一是对网络空间属性的认知。网络空间是相对较新的规制领域，仍处在不断形成和发展的过程中，其复杂性和变化速度超出了一般领域，对其属性进行科学界定存在较大困难。尤其是平台经济的出现，颠覆了行业本身的进入壁垒，模糊了消费者—经营者、信息传播者—信息接收者、市场—企业这种泾渭分明的类型区分，形成了区别于传统经济形式的融合经济模式，产生了零工工人劳动保障和法律地位的争议。此外，与线下传统经营实体不同，网络交易主体存在国籍属地、规模大小、专业程度以及财产规模等方面的巨大差异，这些差异和变化对税收、边境管理、市场准入、职业资质和财产用途等部门的行政管理立法带来了极大冲击，滋生出了大量行政法意义上的"非法"活动。① 在应对这个尚未完全了解和仍在形成的技术和经济形态时，政府面临认知上的两难困境，网络空间的复杂性决定了对其属性的界定难度大，但如何定位又直接决定了规制的方式和程度，界定失误的政策风险很高。其二是政府对于选择什么样的治理方式存在疑虑。在国际上，是按照美国等西方网络发达国家的政策倾向由多利益相关方治理模式主导还是关照网络欠发达国家的利益和战略定位以多边主义为主导？在国内，是将传统市场监管规则、模式完全套用在平台经济模式上，还是根据平台经济模式特点对监管模式和规则设定进行全面调整更新，一直存在认知和抉择上的困难。而对于数字平台本身而言，既是市场属性的规制者又是规制对象的双重身份使其处于法律调节的空白地带，政府对它的监管程度以及平台责任的设定都非常难以界定。

2. 政府的数据和信息处理能力存在局限

网络空间既是信息空间，也是网络空间行动者与信息技术互动后的外在表现形式。但不论从哪个方面看，在网络空间中，各项要素都只能凭借数据和信息的形式最终得以外化，信息和数据因而成了新型战略资

---

① 张效羽：《互联网分享经济对行政法规制的挑战与应对》，《环球法律评论》2016 年第 5 期。

源，掌控信息和数据的主体拥有了控制和营销世界的实力。[①] 近年来，随着各种新技术的飞速发展，各种传感器遍布全球，大数据的来源日益广泛，大量数据迅速生成和聚集，非结构化数据不断涌现，催生了数据规模的爆炸式增长，这些数据绝大部分又都属于在网络空间中处于核心地位的各类数字平台，借助先进的数据处理能力，数字平台又获得了关键的身份信息、位置信息和行为信息，政府与平台之间因而出现了巨大的信息鸿沟，而政府经常处于信息劣势的一方，不仅数据来源不如平台多元，数据的处理能力也难以与它们匹敌。而且，近年来，基于云计算等新技术环境，在数字平台主导下的数据跨境流动已呈现出高度自动化的趋势，对于国家政府而言，这会引发许多新的安全问题与挑战，任何主体对其数据和信息的非法干预都可能侵害这个国家的核心利益。因此，各国政府和数字平台对于数据控制权的关切与日俱增，进而在世界范围内催生了有关数据主权的争论和博弈。

从国内治理的角度来看，政府规制必须建立在充分、准确的信息和知识基础之上。政府与数字平台之间的信息鸿沟可能导致政府制定的管制目标和手段不够合理，进而可能出现规制不足或规制过度的情况。若规制目标过于严苛，可能会影响商业模式的创新与发展，同时也可能因为技术和经济上的限制而难以实现，从而影响政府的权威性。然而，若规制目标设定过于宽松，可能无法激励平台企业更新管理技术和流程，也无法清除一些违规经营者，这会导致规制不足，进而危及交易安全。此外，由于数字平台的跨国性，政府规制又会带来国别规制的国际溢出问题。[②]

二　数字平台私人规制兴起的背景——网络空间规则制定的私有化

---

① ［美］威廉·吉布森：《神经漫游者》，Denovo 译，江苏凤凰文艺出版社 2013 年版，第 1—20 页。

② 赵海乐：《主权克制下的平台自决之惑——数字平台规制的国际协调与中国因应》，《苏州大学学报》（哲学社会科学版）2023 年第 6 期。

历史和趋势

随着全球化的深入以及全球市场的扩大，全球治理中涌现了大量的私人规制，各类私人行为体开始制定规则，以便在全球范围内指引、约束和监督自身行为或他者行为。与此同时，网络空间的匿名性、跨地域性、分散性和大规模性给政府规制带来了诸多冲击，而政府的认知局限和信息落差等内生性问题也造成了许多治理困境。近年来，由于政府规制机制不灵活、规制资源和专业人员缺乏而造成的规制实效低下、成本高的问题尤其突出。所以，在平台经济高速发展的当下，传统的政府规制已不足以解决基于平台的商业变革带来的各类挑战，急需治理范式的创新。在此背景下，数字平台私人规制在网络空间应运而生，并迅速具有了影响力，美国数字平台公司在自身规制方面就积累了丰富的经验。① 总体而言，数字平台私人规制指的是数字平台通过制定和实施交易惯例、示范条款、示范合同、行为守则、社会标准及认证标签等规则体系，并借助技术手段管理网络空间相关行为和问题，以提高平台市场间接网络效应的同时解决间接网络效应导致的负面效应，最终促进平台商业生态系统健康发展的一系列行为的总和。② 它强调数字平台在建立和维持跨国性规则体系及行为约束等方面所起的作用。

数字平台私人规制的兴起有多重背景因素，其中比较核心的是网络空间规则制定的私有化历史和趋势。相较于其他全球治理领域，因极高的技术性和创新性，互联网及网络空间中私人行为体建规立制的作用更突出。互联网早期的协议和标准主要由技术社群和个人建立，这实质上就是私人规制的最初形式。这种较早产生的私人规制大多是出于解决特定技术问题和市场问题而产生的质量认定和标准认定，市场驱动是其产生的重要背景。私人规制在此阶段的诞生很大程度上基于市场自发，作

① 贺溦、张旖华、邓沛东：《风险视角下数字平台私权力的法律规制》，《西安财经大学学报》2023 年第 5 期。

② 郑称德、于笑丰、杨雪等：《平台治理的国外研究综述》，《南京邮电大学学报》（社会科学版）2016 年第 3 期。

用范围也基本局限于特定问题领域内，具有很强的技术规范色彩。随着互联网行业的进一步扩展和网络空间社会属性的进一步增强，网络失范行为和网络危害问题愈发突出，出现了许多治理真空，以数字平台为代表的私人行为体及其联合组织在行业层面制定并实施了标准化的行业规范，成为规范行业发展的重要规则系统。这一阶段，除了对相关生产质量和产品标准进行规定，私人规制的内容逐渐扩展到了一些更具权力色彩的领域，开始对各类市场行为体的行为进行约束和引导，逐步发展成为全球层面的行为规范。此时，私人规制在市场管理之外增加了社会性和跨国性，规制效果也渐具强制性。

网络技术的进一步发展，开辟了新的市场结构，市场的时空界限在模糊和淡化，网络使得市场、企业无边界化。① 新的市场结构为数字平台的崛起并成为规制主体奠定了基础。数字平台具有技术、资金及人员优势，且拥有为数众多的专利，还制定了许多产品标准和行为规范，并为了获得因标准制定而产生的先发和锁定收益，会尽力推动各自的标准和协议通用化，标准和规则的通用化过程就是治理规则体系形成的过程。尤其重要的是，网络行为的数据全部留存于各类数字平台，便利了相关事实的调查和认定，使得数字平台的规制能力有了进一步提升的空间。总之，在网络空间规则制定私人化传统的推动下，数字平台私人规制已经成为网络空间治理的重要组成部分。

三　数字平台私人规制与政府规制的关系

在很多情况下，数字平台私人规制替代了很多政府规制的职能，但实际上二者之间的关系，主要取决于它们各自的性质和地位，因而比较复杂。它们在主体地位、权力生成和行动逻辑上都存在差别，所以它们之间既有互补性，也存在替代和竞争的关系。

---

① 王永强：《网络平台：市场规制主体新成员——以淘宝网电商平台为例的阐述》，《经济法论丛》2014 年第 2 期。

（一）数字平台私人规制与政府规制的相互补充

数字平台作为科技创新的产物，是现代信息技术进步的重要载体，也是当下经济社会发展的重要驱动力量，它们凭借市场、技术和资本等资源优势，不仅左右着整个行业的发展，而且在政府规制存在空白或者力所不及的领域发挥公共治理作用，和政府规制形成了有益互补。私人规制与政府规制的互动合作，可以在一定程度上弥补彼此的不足。

简单来说，一方面，平台企业的私人规制虽然有信息和资源优势，但平台企业是市场行为体而不是公共部门，在完全依赖私人规制的市场条件下，其本身容易受到利益最大化的制约而出现机会主义行为，从而导致市场秩序混乱。此外，私营部门尤其是以数字平台为代表的跨国公司会损害国家的控制力和自治权，也会导致治外法权问题和管辖权冲突的问题，因此，单独的私人规制局限性非常大。① 为了解决私人规制无法解决的市场失灵，非常有必要引入外部强制性的刚性约束规制。另一方面，政府虽有动力规范数字市场，但如果完全依赖政府规制，也会导致市场失灵问题的加剧，因为政府本身也存在有限理性限制、交易"专用性"限制以及机会主义倾向等问题。因此，在网络空间治理中，政府公共规制和数字平台私人规制在区分职责的基础上，基于职能优势进行相互配合和分工必不可少，任何一种单独的治理方式都是存在缺陷的。

数字平台在网络空间中掌握的资源无论是从数量还是类型都在不断增加，实际上增强了它们的硬实力。此外，数字平台的结构越来越网状化，它和各类组织和个人之间关系的强度和黏度远超传统的政府和这些主体之间的关系，从权力的关系角度而言，他们更能实质地影响这些主体的具体行为，相对政府而言便获得了更大的比较优势和影响力。更为重要的是，从技术角度和现实情境而言，政府的规制职能很难系统地延

---

① Alan M. Rugman and Thomas L. Brewer, *The Oxford Handbook of International Business*, New York: Oxford University Press, 2001, p. 199.

伸到对网络中各种具体行为的管理，因而，类似诚信认证、身份认证和信息管理等传统的政府治理职能已经转移到了以数字平台为代表的私营部门和公民社会组织。

政府和数字平台之间的规制合作主要体现在以下两个方面：

第一，在听取相关平台行业建议的基础上，政府制定网络空间战略、政策和法规，而平台则负责具体的实施和落地，并提供政策实施过程和结果的反馈，以改进政策及法规，双方之间由此可以形成治理规则制定的闭环。此外，政府主要通过签订国际条约和协定、国内立法以及建立正式的规章制度来规范数字平台上企业和个人的行为，以维护国家利益和增进社会福祉，当数字平台自觉遵守法律和政策，甚至自觉履行适当的政策宣传和推广等治理责任时，数字平台与政府实现了目标的部分一致，因而会形成有效的良性集体行动，即在某种程度上实现了一种合作规制的状态。而且，很多数字平台会采取"拟政府化"的治理流程，和政府治理进程形成有效互补，如美国有些平台采取的拟政府数字正当程序（Digital Due Process）就是如此，脸书成立的监督委员会就扮演着其平台运行内部"最高法院"的角色，用户可以依照平台发布的监督委员会章程（Oversight Board Charter）就脸书及关联其他平台的终审决定提出上诉，由世界各地、不同行业领域的专家组成的委员会自行决定是否受理上诉，其作出的最终决定对脸书具有监督效力。脸书监督委员会的创立标志着平台开始创设自己的宪法、最高法院和司法审查。[1]

第二，治理资源共享。数字平台与政府在网络空间治理中通过多层次的资源共享，形成了紧密的合作关系，主要包括数据资源、技术资源、治理经验与模式，以及黑名单和许可信息等核心治理资源的互通共享。平台企业凭借其海量用户行为数据和强大的大数据处理能力，可以为政府提供更精确的社会动态监测数据支持。同时，政府通过开放部分

---

[1]　左亦鲁：《社交平台公共性及其规制——美国经验及其启示》，《清华法学》2022 年第 4 期。

监管数据和技术许可，可以帮助平台企业在打击假冒伪劣商品、加强知识产权保护等方面有效降低治理成本。这种资源共享不仅可以提升综合治理效能，还可以为政府带来新的数字化治理手段，能有效促进公共服务的创新与优化。深入来看，数字平台和政府的协作规制可以弥补传统治理模式在网络时代面临的技术和数据短板，增强双方在复杂网络空间中应对风险和挑战的能力。这种共治模式打破了政府单一主体治理的局限，将企业资源纳入公共治理体系，将有效推动社会治理从垂直管理向横向协作转型，展现了未来网络空间治理中公共和私营部门融合共治的趋势。

（二）数字平台私人规制与政府规制之间的替代和竞争关系

数字平台私人规制与政府规制存在竞争甚至替代关系。首先，在标准制定领域，私人标准会与政府标准相互竞争。网络空间是个新兴的高科技领域，涉及各种技术标准和协议规则，这些技术和协议还存在高度差异性，并处于动态演进中。因而，政府无法针对每一种技术、协议和产品制定具体的标准，而平台私人标准就会替代政府标准发挥规制作用。此外，政府标准规定的是标准的底线，一些平台为了提高竞争力，建构"护城河"，会提高标准要求，并用自身的标准替代政府标准。其次，在认证方面，政府往往缺乏足够的资源发展、完善和实施特定的认证，私人认证就会提供数量和种类都很丰富的认证，通过市场化运作弥补这些空白。现实中，有一些数字平台的认证在本行业有着非常高的认可度，各类企业因而倾向于向这些私人认证机构付费以获得相应的认证，进而提高自身产品的影响力和价值。因而，从这个意义上看，私人规制与政府规制存在竞争关系。

总之，从本质上看，私人规制是公权力的特殊行使方式，与政府规制存在互为补充又相互竞争的关系，体现了私人利益与社会公共利益的融合与竞争。其与政府规制相比，有着更专业和更高效的比较优势。因此，在风险社会和全球治理的背景下，有必要在一定程度上凸显其作用和价值。但私人规制也存在先天的内生性局限和威慑不足的缺点，很多情况下需要政府规制强制力的介入。

第三节　数字平台私人规制的权力基础

一　数字平台私人规制权的来源

权力意味着约束和控制，但权力的行使必须具备一定的正当性基础。权力来源不同决定了权力主体运作逻辑的差异。与国家行政权依赖于法律或特定机关的授权不同，数字平台主要通过构建制度拥有规制权，其权力来源是多元的。当前，私人规制权的来源主要有三个路径：契约、授权或委托和企业社会责任。并因此形成了三种私人规制类型：契约型私人规制、授权型私人规制和自主型私人规制。[①]

（一）通过契约获得的私人规制权

契约是权力来源的重要依据，是权力获取合法性和正当性的重要途径。数字平台在日常经营活动和治理活动中会通过市场竞争的方式确立各种契约，这些契约具有制度建构的作用，并在事实上构建起了一种不均衡的私主体间法律关系，使得数字平台拥有了规制权。规制契约虽然源于自愿协商，被规制者基于自愿向数字平台让渡部分权利，但在一定程度上，契约中的效力却基于"合同的约束力"，使其能够有效地施加在被规制者身上，具有强制性。在数字平台生态系统内部，各企业之间通过竞争博弈形成的契约，可以实现彼此之间的合作及平衡，而在外部，数字平台和政府、公民社会通过博弈形成的契约则建构了它们赖以生存的制度环境和市场环境。

数字平台建构的契约主要有两种形式：第一种是基于数字平台生态系统主体之间的交易而形成的契约。它是交易各方在平等的基础上，为获得各自利益而签订的规定双方权利义务关系的协议和合同。其中的权

[①]　胡斌：《私人规制的行政法治逻辑：理念与路径》，《法制与社会发展》2017 年第 1 期。

利义务关系是自由、互惠、平等和理性的，它规范了企业之间的交易行为，使其有序化，具有治理的意义。第二种契约存在于数字平台及其提供服务的用户之间，多表现为数字平台针对其用户制定的"用户协议"或"用户条款"，指的是数字平台公司与用户之间"通过点击接受等形式签订的格式合同"。①从法律意义上来看，数字平台基于用户协议获得了一种契约"权利"，但实际拥有的却是其管理用户的基于技术和经济优势的"私权力"，由于数字平台拥有跨越国境的超大规模用户群，其用户协议又会约束每一个使用相关服务的用户，这就使得用户协议的影响力与法律具有了相似的效果，是事实上的"法律"。数字平台作为用户协议的制定者和实施者，也具有了"虚拟政府"的职能。在网络空间中，通过这两种契约安排，数字平台在引入竞争机制和个性化服务的同时广泛参与了本该由政府执行的治理活动，从其实质而言，"市场契约"是对"社会契约"的部分替代，实现了社会契约的部分职能，政府对网络空间的治理，不得不依赖他们，如用户身份识别、信用认证、虚拟社区秩序维持等。更普遍的情况是，在网络空间中，用户权利的实现也因这些协议的存在而被契约化了，用户协议不仅能制约用户的网络表达权和网络交易权，还能制约他们的肖像权、隐私权和著作权等人身权利的实现。

因此，用户通过点击方式接受数字平台事先拟定的标准合同，从而建立了双方之间的契约关系。在这些契约的框架下，数字平台确立了交易规则，解决纠纷并实施惩戒。最终，这些与用户之间的契约赋予了数字平台支配用户的"权力"。这种权力的支配力源于契约另一方同意后的权利让渡，而非外部其他主体的授权。因此，用户通过契约形式让渡部分权利而造就的权力，是数字平台制度性权力的直接来源。数字平台对网络空间治理的合法性不是来源于传统的政治结构，而是来源于基于法律的合同法规则，使得其权力相对于传统的政府治

---

① 张小强：《互联网的网络化治理：用户权利的契约化与网络中介私权力依赖》，《新闻与传播研究》2018 年第 7 期。

理更加直接和凸显。但如何限制数字平台不断膨胀的私权力也是一个重要的治理问题。

（二）通过法律和行政授权或委托，因履行义务而获得的规制权

基于对私人规制作用的认可，私人主体逐渐开始获得法律或者行政机关的授权或委托，成为私人规制主体，并因此获得了一定的规制权。网络空间既是复杂系统，有自生长的特征，又是分布式布局的，具有互联性、匿名性和无国界性的特征，需要更加灵活和高效的微观治理，这不是传统的政府治理所擅长的。因此，在治理实践中，为了充分借助和利用部分私权利主体的平台资源、技术资源和信息资源优势，政府委托或强制平台进行治理已是常规现象。国家立法要求平台承担主体责任，对平台上用户的违规行为承担兜底责任，从而以结果责任的形式，迫使平台采取积极和主动的措施规制用户的违规行为，在这个过程中，国家是以附加责任的方式授予平台实施准行政处罚以及准行政强制型规制手段的权力。① 例如，将涉及色情、暴力等敏感词的辨识和控制权交给相应的社区，赋予域名服务商 ICP 备案审查的初步审查权等。各国政府通过立法或行政政策对数字平台赋予了大量审查监控的行政管理义务，从国家角度看，这是数字平台必须承担的法定义务，但从数字平台而言，其虽是在履行法定义务，由于国家的介入，这种治理义务实际上具有了强烈的公权色彩，构成了它支配用户的权力。因此，要求平台承担法定义务实质上赋予了其相应的规制权力，这是对政府治理职能的部分替代，某种程度上也意味着对公权力的部分侵蚀。总之，法律法规条款中要求或鼓励平台履行管理义务，究其实质而言，构成了平台行使管理权力的法律和政策来源。

（三）通过承担企业社会责任而获得的规制权

网络赋予了社会个体有史以来最大的主动权，在此背景下，数字平台越来越重视企业与社会之间的联系，共享价值的理念得到越来越多的

---

① 朱雨昕：《平台治理中的私人规制——以网络直播平台为例》，《上海法学研究》集刊 2022 年第 1 卷。

重视。在共享价值的指导下，数字平台在寻求机遇、制定策略时，会更多兼顾企业的社会责任，参与网络空间治理的积极性和资源投入也会随之提高。从 20 世纪 90 年代开始，企业公民身份（Corporate Citizenship）的概念在研究企业伦理时被广泛提及，从企业与社会关系视角解读企业公民身份概念的学者认为，企业法人就像自然人一样是社会共同体的成员，既享有经营谋利的权利也需履行对利益相关者的社会责任，是拥有"公民身份"、权利和义务统一的行为体。在全球网络空间治理中，数字平台的企业公民身份表现为其既是一个经济组织，也是一个社会角色，这种身份必须满足多样化社会群体的期待。部分数字平台企业在履行社会责任方面表现相对积极，设有专门的社会责任委员会或企业社会责任部门，并定期发布企业社会责任报告，不仅在网络空间治理领域发挥影响力，而且利用自身掌握的高新技术在网络影响的其他领域发挥作用。谷歌一直将自身定位为一家高科技公司，提倡和践行不作恶的理念，在承担社会责任方面，其主要寻求技术解决方案，承担的社会责任涉及的领域广泛，谷歌技术改善世界、谷歌教育、谷歌环保、谷歌灾难援助等，遍及美国、欧洲、日本、巴西、印度、澳大利亚和中国等地，取得了较好的社会反响。

网络空间一直处于发展演变中，存在着巨大的不确定性，更多的时候，数字平台的经营模式和交易行为远远领先于政府成文的法规和政策，因此，需要数字平台以履行社会责任的方式，制定标准，建立预先规则，以弥补法律规范的空白和缺陷，而后再通过自下而上的规则演进模式，将平台自发生成的规则逐渐正式化，将一些具有普遍意义的规则和方式纳入政府法规层面，成为稳定的制度约束，实现由平台网规到合法的正式法规的转变。因此，数字平台的公民身份与社会责任的使命和功能中孕育了规制权力的要素和实现规制的公益目的，使其负担起对特定领域的规制责任，从而获取了相应的规制权力。

总之，数字平台在履行公法义务、实施社会责任、签订和执行契约的过程中，通过和其他行为体的博弈获得了制定规则和修改规则等的规制权。

二　数字平台进行私人规制的动因

（一）内因：规制目标与利润目标的高度协同

数字平台在生产网络内权力的上升为私人规制的兴起和发展创造了可能，这是其进行私人规制的实力基础。与此同时，规制目标与利润目标的高度协同，决定了数字平台存在加强治理的自我激励。[①] 数字平台经常面临两个重要挑战：一是管理平台进化，保持平台生态系统健康发展；二是应对其他平台的竞争。为了应对挑战，实现自身利益最大化，数字平台需要制定各种规则对双边市场实施治理，调节平台市场参与者的行为，优化市场结构，在不断满足不同用户需求的过程中获取价值和提高平台竞争力。[②] 所以，数字平台的企业特性决定了其有动力自行开始规制，以减少平台用户的有害行为和各种问题，改善用户的互动，提高平台的吸引力，获取更高的利益。[③] 虽然这些问题会受到公共法律法规的制约，但因为具有相较于用户或政府的信息优势，平台私人规制较之法律法规控制处理负面网络效应更为直接和有效。[④] 因此，私人规制不仅是数字平台增强市场竞争力的必要路径，更是自我改革和自我提升的重要渠道，参与制定和实施市场规则和经营标准成为数字平台的必然选择和自我要求。

此外，交易平台处于创新者和先行者不断进入的领域，这些领域是

[①] 王俐、周向红：《平台型企业参与公共服务治理的有效机制研究——以网约车为例》，《东北大学学报》（社会科学版）2018 年第 6 期。

[②] 郑称德、于笑丰、杨雪等：《平台治理的国外研究综述》，《南京邮电大学学报》（社会科学版）2016 年第 3 期。

[③] Kevin J. Boudreau and Andrei Hagiu, "Platform Rules: Multi-Sided Platforms as Regulators," in Annabelle Gawer ed., *Platforms*, *Markets and Innovation*, London: Edward Elgar Publishing, 2009, pp. 163 - 191.

[④] Evans David S., "Governing Bad Behavior By Users of Multi-Sided Platforms," *Berkeley Technology Law Journal*, No. 2, 2012, pp. 1201 - 1250.

需要自己进行制度补位的①，要不然就会在竞争中处于劣势地位。制度配套是平台需要具备的一种供给能力，如果发展过程中相关的制度尚不完备，那就需要自己制定和执行规则。"用户竞争"与"资源竞争"是平台的核心利益所在，针对资源与用户的竞争将深刻影响平台的自律治理，从而促成了不同平台间的"规制竞争"，② 进一步强化了平台建构制度进行自我和对外规制的动力。当然，数字平台出于维护市场声誉的考量，也会自觉地进行一定程度的自律规制，以确保为市场参与者提供公平、透明和高效的交易环境。③ 市场声誉在企业经营中至关重要，是其拓展业务、扩大经营范围和提升市场地位的关键工具。为了维护自身的市场优势，数字平台通常会选择自我规制来处理市场声誉问题，这也从一个侧面显示出私人规制的市场萌芽。实际上，私人规制不仅具有重要的外部管制作用，还能够调节市场的形成和运作，纠正市场活动的分配后果。④

（二）外因：社会层面的治理压力

数字平台私人规制的不断涌现实质上是对网络空间负外部效应不断扩大所产生的社会压力以及政府机构应对不足所做出的反应。政府规制有其优势，但其治理效果和治理效率存在资源和能力的制约，加上网络空间的运作和治理越来越趋向于专业化和细致化，其治理难度也在不断上升，政府规制在专业性和知识性方面愈发乏力，建立在单一民族国家基础上的全球治理体系已不足以治理分散的全球网络，许多规制的空白地带也大量出现。因此，网络空间治理面临变革的压力，需要更丰富的新治理形式。网络空间治理赤字的广泛存在引发了社会领域的一系列反

① 俞思瑛等：《对话：技术创新、市场结构变化与法律发展》，《交大法学》2018 年第3 期。

② 肖梦黎：《平台型企业的权力生成与规制选择研究》，《河北法学》2020 年第10 期。

③ 彭冰、曹里加：《证券交易所规制功能研究——从企业组织的视角》，《中国法学》2005 年第1 期。

④ Tetty Havinga, "Private Regulation of Food Safety by Supermarkets," *Law & Policy*, Vol. 28, No. 4, 2006, p. 66.

应，许多社会思潮和社会运动将目标转向数字平台，要求其承担更多的治理责任和社会责任。为了回应来自社会的治理压力，数字平台将旨在管理全球价值链的行业性治理结构，用来实现社会治理目标，从而强化了其规制动机，其逐步演化成形的私人规制就成为一种政府规制乏力下的应对之策。在此背景下，数字平台私人规制的数量和规模正在不断扩展，并在此过程中形成了较为完整的规则体系和常规流程。

总之，在政府治理失灵的背景下，数字平台私人规制的雏形诞生于市场的需求和动力，其目的是调节网络效应的负外部性，以发展和保护平台市场。①

第四节　数字平台私人规制的合法性、优势及其局限

一　数字平台私人规制的合法性

作为一种新型的治理模式，数字平台私人规制在治理形式、治理理念和治理方式上具有鲜明的特色和先进性。而在日常的治理实践中，这种特殊性为其治理范围的扩大和治理模式的推广提出了一个具有挑战性的议题：私人规制的合法性。合法性的取得和完善是其发挥治理效用，实现治理价值的重要前提，也是其进一步提升治理地位的关键所在。②因此，合法性的获取问题成为数字平台治理实践和治理制度设计的重点关注领域。

权力的分散和转移赋予了数字平台新的角色，网络空间中许多本应

---

① Ghazawneh A. and Henfridsson O. , "Balancing Platform Control and External Contribution in Third-Party Development: The Boundary Resources Model," *Information Systems Journal*, No. 2, 2013, pp. 73 – 192.

② David L. Deephouse and Suzanne M. Carter, "An Examination of Differences Between Organizational Legitimacy and Organizational Reputation," *Journal of Management Studies*, Vol. 42, No. 2, 2005, p. 121.

由政府主导的公共事务被数字平台提供的产品和服务替代。在此过程中，平台获得了其"政治权威"和合法性。也就是说，其合法性主要基于公众的认可与信任，通常需要借助一定的行为策略得以获取和维持，这和政府规制的合法性基础具有本质上的区别。数字平台通过签订和履行契约、立法授权、行政委托、履行特定义务和承担企业社会责任获得了广泛的规制权，这些规制权获取的过程就体现出了数字平台私人规制具有的两类合法性：实效合法性和道德合法性。简单地说，实效合法性依赖于行为体解决实际问题，从而兑现其承诺目标的能力。对数字平台而言，指的是其在网络空间治理中达到一定程度的制度效用和治理效果而取得的合法性。治理成果和治理成绩一定程度上作为其组织机构建设、组织运作目标和组织运行逻辑的科学性证明，为其争取了广泛的支持和认可，这也是其在发展和完善过程中不断提升治理地位，扩大治理范围，深化治理深度的关键。[1] 而道德合法性则与企业社会责任，企业对公众关注的回应等密切相关，[2] 是利益相关者群体在集体层面对数字平台进行观察和判断的普遍性认知，本质上是一种关于数字平台治理行为与社会规范及社会价值体系适应性相关的主观性评价。

在治理实践中基于解决网络问题的能力而获得的实效合法性，是数字平台主要的合法性来源。它们依靠市场化力量，凭借自身的制度性权力、技术性权力和话语性权力致力于网络标准与协议的研发和推广、参与管控网络不当内容的传播、制定和实施平台行为规范、保护知识产权、与政府合作推动地区或全球性数字贸易规则谈判和制定、进行身份认证等，在网络空间中形成了运转自如的自发秩序，弥补了传统政府规制的空白和不足，使网络空间治理领域的治理效率和效果进一步显现和提升，这对于网络空间中法律规范的建构远滞后于实践

---

[1] Arilova A. Randrianasolo, "Organizational Legitimacy, Corporate Social Responsibility, and Bottom of the Pyramid Consumers," *Journal of International Consumer Marketing*, Vol. 30, No. 3, 2018, p. 45.

[2] 江思羽、李俊峰：《全球气候治理中商业行为体的政治权力分析》，《国际论坛》2018年第2期。

的发展而言，具有重要的意义。总之，数字平台以实践行动取得的实质性成果加强了自身实效合法性的基础。当然，平台也同样重视其道德合法性建设，它们会通过发布倡议、参与社会公益、构建环境友好型公司运作机制等方式适应新时代社会价值体系，塑造其良好声誉。

二　数字平台私人规制的优势与效力

（一）数字平台私人规制的优势

在网络空间中，以国家为主导的传统治理结构尽管是重要的治理模式，却不足以完全排他地胜任超越一国管辖范围的网络空间治理，也不足以承担起对于全球数字经济进行规制和监管的职能，数字平台的全球私人规制功能正在越来越凸显出其优越性。数字平台在创造利润、对股东承担法律责任这一总目标不变的前提之下，积极推动实现平台生态系统中其他利益相关者的期望，通过技术和制度手段参与平台市场治理，维护市场秩序稳定，并在一定程度上承担社会对其在法律、伦理、经济和慈善等方面提出的责任，成为网络空间治理的重要规制主体。相较于政府规制，数字平台私人规制具有一些难以取代的优势。第一，数字平台私人规制是一种明显有别于政府与社会组织规制的市场内部规制，主要依靠市场的力量，以市场运行机制为基础，对于被规制者有着更精确的控制力。在数字经济的治理过程中，它起源于众多网商自发实践的不断演化，更贴近第一线，与各种网络行为的契合度更高，治理更有针对性，如，淘宝规制的有效就是市场内部数字平台规制成功的表现。第二，私人规制以自愿签订的契约为主要行动基础，规制权的行使过程是隐身的，使规制化于无形，更加符合柔性治理的要求，不容易引发被规制对象的对抗和逃避，副作用较小。第三，数字平台具有明显的数据优势和技术优势，资金来源广泛，不仅规制的实力基础有保障，还可以实现规制效率的优化，加之实行企业化运营，制度运行成本较低，这一方面使其更加独立，另一方面也使规制可以保持一定的可持续性。第四，数字平台私人规制以本行业的科技人才资源为依托，能吸引相关领域的高技术人才和专家学者参与规则和标准的制定，可以保证规制主体的专业性。第五，私人规制主要是平台制定的一系列控制规则，这些规则既包括约束性制度，也包括激励性措施，更关注现实，因而更具专业性和可执行性，体现了私人利益与社会利益在一定程度上的融合。第六，规制手段多样化。数字平台可通过限制准入或发放许可证等方式来控制平台内的竞争，规范价格并监控用户行为，① 也可以通过纠纷解决机制或补偿政策等方式促进合同履行。② 此外，科技发展为数字平台提供了新型的自我规制手段，包括身份验证和消费者评级等。身份验证解决了匿名交易和无法追溯个人身份的问题，③ 而声誉评级则利用社交手段促进了用户间的普遍信任，可以部分解决线上交易中商品和服务质量的保障问题。

因此，作为数字基础设施的第三方，技术治理和网规的出现意味着数字平台承担了越来越重要的治理责任。在整个数字商业生态中，它扮演了使权利回归社会的主体角色，必将成为实施有效网络治理的重要参与者。但数字平台私人规制也存在私人利益和公共利益互相博弈等局限，应坚持谨慎原则。总之，数字平台私人规制是必要的，也是有效甚至是高效的，利大于弊，但规制必须是有据且有限的。

(二) 数字平台私人规制的效力及意义

数字平台已经成为网络空间治理的关键聚焦点，其以私人身份进行的规制进程是传统国家治理体系的重要补充和拓展，是全球治理机制"失灵"困境的重要对策，具有广泛的作用空间和广袤的治理前景。

首先，数字平台具有能动性和建构性，可以在网络平台的小生态中

---

① Evans David S. , "Governing Bad Behavior By Users of Multi-sided Platforms," *Berkeley Technology Law Journal*, No. 2, 2012, pp. 1201 – 1250.

② La Rose, Robert and Matthew S. Eastin, "Is Online Buying Out of Control? Electronic Commerce and Consumer Self-regulation," *Journal of Broadcasting & Electronic Media*, Vol. 46, No. 4, 2002, pp. 549 – 564.

③ Pavlou, Paul A. and David Gefen, "Building Effective Online Marketplaces with Institution-based Trust," *Information Systems Research*, Vol. 15, No. 1, 2004, pp. 37 – 59.

弥补公权力的缺位。其私人规制可以弥补传统政府与国际法治理方式的不足，有助于构筑多层多元的网络空间治理体系。互联网的发展已经造成全球网络空间规模和影响力与各国规制能力和规制意愿之间的结构性失衡。各国之间在网络空间权力、利益和价值层面的矛盾冲突纷繁复杂，国际规制缺乏有效的机制和实施手段，而且有越来越碎片化的趋势，各国内部政府规制又充满了错综复杂的规制冲突与规制失灵。正是既有全球网络空间治理的国际机制存在的系统性规制失灵或者结构性的治理赤字，才导致了数字平台全球私人规制的兴起和兴盛。① 在政府规制缺位之处，数字平台提供了全球私人规制，与政府规制相互补充，以不同的角度实现了更高效的治理。这推动了治理权力从国家层面向市场的转移，也促进了网络空间治理从国家主义的单层级治理向多种行为体共同参与的多维度治理模式的转变。

其次，数字平台的私人规制提高了网络空间治理的成本效益。由于平台具有信息和资源获取与利用方面的优势，并且在利益主体之间有广泛的沟通渠道，因此，在其推动下形成的技术标准、交易惯例、示范合同和仲裁规则通常是高效的缺省性交易规则，这些规则为协调型博弈提供了协调焦点或标准，② 从而促进了规则的确定性和可执行性，增强了数字交易和服务的可预测性，降低了信息成本、交易成本和争端解决成本。这扩展了当事人的选择空间，便利了跨国数字交易和服务，进而提升了网络空间治理机制的运作效率。同时，数字平台在网络空间治理中参与度的上升有助于传播和扩散企业社会责任价值理念，促进了治理价值和效率的融合发展。此外，私人规制还可以缓解网络空间公共服务规模化和差异化供给对政府治理带来的压力，分担政府治理的人力成本和资金成本，能够提升网络公共服务的品质，增进社会福利。所以，通过

---

① 王彦志：《跨国民间法初探——以全球经济的私人规制为视角》，《民间法》2012 年第 1 期。

② Kenneth W. Abbott and Duncan Snidal, "International Standards and International Governance," *Journal of European Public Policy*, Vol. 8, No. 3, 2001, pp. 345 – 370.

建构合理的政府和数字平台协同规制的机制，尊重私人规制的作用方式和作用手段，可以释放数字平台的正向治理价值。

再次，数字平台私人规制有助于提升网络空间治理机制的实效合法性。一方面，数字平台私人规制能够推动规则制定过程中成员参与的多元性，有助于资源分配的均衡和流动，以及利益群体诉求表达的畅通，可以在更大程度上推动治理共识的形成和治理机制的融合和创新。另一方面，在一定情况下，私人规制主要通过规则制定、技术规训、合同约束、用户准入、声誉机制、确立最佳实践和追踪认证等市场化手段和激励性策略方式实现特定领域的治理，可以独立于国家体系实现自主治理，减少了信息不对称，在问题的应对和解决方面更具有灵活性和针对性，能有效提升平台生态系统的运转效率。

最后，数字平台规制机制的发展可以促使其和政府治理机制不断进行互动，进而产生自下而上和自上而下的双向互动规则演进过程。一方面，比较成熟有效的平台规则为有关国家和国际组织在网络空间领域的规制提供了经验示范，一些平台自发生成的具有普遍意义的规则和流程逐渐被纳入政府法规层面，从而实现了制度正式化，成为稳定的制度约束，实现了由企业网规秩序到合法的法规秩序的转化。另一方面，一些政府法规也在平台规则中不断体现和逐步强化，从而实现了自上而下的规则传导，形成了更加稳定的治理秩序。

因此，数字平台私人规制能够在传统国家治理体系外部对其治理能力和治理资源的不足进行有益补充，以此减轻了治理体系的缺陷和不足，弥补了治理体系的赤字，提升了网络空间治理的总体效率。

三 数字平台私人规制的局限及可问责性

数字平台的发展经历了从互联网平台到数字超级平台的历程，这不仅体现在其规模和体量的变化，还体现在影响能级的嬗变。它们具有极强的社会动员能力，已经成为国家和全球治理场域中的重要实践者与行动者，不仅全面介入了网络空间治理，而且其实际影响已从网络社会辐射到了整个物理世界的国家治理和全球治理层面。其能够参与的治理内容也在不断拓展，已从早期的产品结构等交易治理延伸到了用户身份认证、内容治理、平台与用户关系治理等具有社会性和政治性的不同层面。然而，数字平台私人规制的合法性与有效性仍然有待于不断完善，其与政府规制之间的不协调甚至矛盾之处也有待于深入检视。

首先，就其合法性而言，数字平台私权力突破了私法的平等基础，[1] 容易造成平台私权力滥用。因而，其私人规制在道德合法性和过程合法性方面存在较大不足。数字平台既是市场主体又是规制主体的双重身份使其私人规制存在内生性局限，其利润最大化动机和规制主体的角色之间存在难以调和的矛盾。数字平台虽能够降低双边或多边用户的交易匹配成本，却无法降低信息不对称引发的道德风险和机会主义。数字平台作为企业，具有天然的逐利本性，当企业利益与公共利益发生冲突时，优先选择企业利益而背离公共利益是其理性选择，这对其作为规制主体的合法性提出了严重挑战。而在程序合法性方面，其透明度、代表性、公开性、审议性和问责性[2]等正当程序标准都有待加强，尤其是其以格式合同和技术手段进行的治理，都是基于单方面实施的，平台可以随时修改、中止或停止服务条款，在程序合法性方面存在巨大缺陷。

其次，在平台经济变迁的大背景下，数字平台开始积极参与公共治理，但其私人规制中存在治理有效和治理失灵并存的双重情形。治理有效肯定了数字平台在公共治理中的正向作用，治理失灵则警醒我们关注数字平台参与公共治理面临的现实局限与不良后果。一方面，已有的数字平台存在异化的问题，其进行的私人规制可能会成为平台本身和部分国家及其组织实施市场壁垒和滥用优势地位的权力工具和利益工具，在这种情况下，信用炒作、价格歧视和平台腐败等规制失灵问题就会凸显

---

① 黄绍坤：《以私权力为中心重构算法侵权规制体系》，《上海法学研究》2022 年第 1 期。

② Harm Schepel, "Delegation of Regulatory Powers to Private Parties under EC Competition Law: Towards a Procedural Public Interest Test," *Common Market Law Review*, Vol. 39, No. 1, 2002, pp. 31–51.

出来。以广泛流行的平台评价机制来看，由于评价量不足与评价中的策略性行为，消费者评价的有效性很容易出现偏差，① 这会对以此作为选择依据的其他消费者产生误导。另一方面，市场的效率逻辑和企业的逐利本质会驱动数字平台选择规避政府规制的行为路径，这不利于主要治理主体之间的良性互动，给协同合作造成了障碍。网络空间的治理体系是多元主体治理的有机组合，要保障有效治理的实现，必须依赖于治理主体之间的互补性及治理网络的合作与对话机制。但是，对于数字平台而言，不仅存在算法信任的挑战，而且还面临传统制度信任的问题，尽管算法本身是中性的，但是算法背后的商业逻辑是逐利的，由此所导致的算法信任难题可能产生用户利益和公共利益让位于平台利益的治理风险。

总之，在网络空间中，数字平台既是市场交易主体，又是市场裁决者，其行为存在内生性局限，它们参与的社会治理都应该接受公共性检验。②

---

① Tobias J. Klein and Christian Lambertz, et al., "The Actual Structure of E Bay's Feedback Mechanism and Early Evidence on the Effects of Recent Changes," *International Journal of Electronic Business*, Vol. 7, No. 3, 2009, pp. 301 - 320; Cabral, Luis and Ali Hortacsu, "The Dynamics of Seller Reputation: Evidence from E Bay," *The Journal of Industrial Economics*, Vol. 58, No. 1, 2010, pp. 54 - 78.

② 刘学:《数字平台参与社会治理的三重角色——基于组织的视角》,《浙江社会科学》2023 年第 11 期。

第七章

数字平台私人规制的主要路径

按照数字平台私人规制的对象，可以将不同数字平台的规制议题划分为共识塑造、用户习惯培养、内容治理、用户参与治理、产品结构治理以及平台关系治理等多种类型。[①] 针对这些治理对象，数字平台私人规制的具体策略大致包括提供平台公共服务、制定规则、设定议程和技术治理等几种方式，但究其本质而言，其最核心的治理路径是制度建构和技术治理。

第一节　数字平台在网络空间治理中的制度建构

一　网络空间治理制度的"契约化"

数字平台对网络空间治理的合法性不是来源于传统的政治权力，而是来源于基于法律的合同法规则，使得其制度建构有契约化的趋势。数字平台通过在各类合同中加入法律法规相关条款以及新创立条款，把一种公共机构与公民之间的社会契约转化为私主体之间的私人契约，[②] 并

---

① 郑称德、于笑丰、杨雪等：《平台治理的国外研究综述》，《南京邮电大学学报》（社会科学版）2016 年第 3 期。

② 张小强：《互联网的网络化治理：用户权利的契约化与网络中介私权力依赖》，《新闻与传播研究》2018 年第 7 期。

通过这种契约实现私人规制。契约既是商业合同，也是一种有效的治理工具，市场主体往往会因为声誉、互惠、竞争压力以及市场上的同行惩罚和消费惩罚等因素，遵守有关的契约。契约不仅能满足数字平台市场主体多元化的需求，还能提高网络空间以数字平台为主导的公共治理的供给效率。

数字平台作为技术权力和市场权力的拥有者，站在数据的云端朝人们的日常生活俯瞰，在福柯的时代，规训权力是从监狱出发，继而向整个社会扩散，到了移动互联网时代，权力从过去的微观分布发展为日常分布，数字平台便是这种日常权力的主要拥有者，在网络空间中扮演着独特角色，以私营企业的身份发挥着社会治理的功能。数字平台凭借互联网技术架构为用户搭建起与真实的物理空间完全不同的虚拟空间作为交易市场，在这个市场中，数字平台需要提供综合性服务，并充当协调者、裁判者和引领者的角色，承担纠纷解决、矛盾协调、信息监管和身份认证等的治理职责，这些治理责任的承担一方面要借助于先进的技术手段自动实现，另一方面需要数字平台企业通过契约化的方式制定详细和全面的制度规范并确保其有效实施来保障。

契约机制是网络空间治理中市场导向的体现，是一种扁平化的、低强制性的治理机制，其形成主要基于主客观两方面的原因。从主观方面来看，目前，数字平台掌握着网络空间中的基础设施、大数据和关键技术等资源，因而拥有网络空间中基于资源的私权力，是占主导地位的治理行为主体。对于它们而言，经济领域中基于竞争机制的契约方式更能体现其优势，因而，对于网络空间的治理，他们偏好于采取以互联网产业为基础的契约式自我调控治理。从客观方面来看，分散化的契约在治理网络空间时具有更大优势。首先，网络空间是分布式布局的，更多情况下，需要更加灵活和高效的微观治理，而分散化的契约治理就是微观治理，能规范具体的网络行为和资源分配。其次，网络空间有自生长的特征，虽存在无标度网络的中心节点，但不存在主导力量，分散化契约更适合于网络空间去中心化的治理追求，有利于其自然生长。因此，在主客观两种因素的推动下，以数字平台为主导的契约治理成为目前网络空间治理的主要制度形式。虽然契约需要事先征得各方同意才有约束力，但普通用户如果需要使用相关的网络服务，对于是否接受这种契约没有更多的选择自由。

二　数字平台制度建构的模式

数字平台集私有性和公共性于一体，已成为政府和民众严重依赖的公共信息基础设施，占据着链接政府和民众的核心中介位置。其在实践中制定了许多的网络治理规则，事实上已成为网络空间重要的制度制定者。其进行制度建构的路径主要有以下三种：

（一）原有治理规范的迁移模式

1. 法律规范的嵌入和内化

平台建构制度，最主要的方式之一是将原有的国际规则、国家法律规范内化和嵌入在自己制定的各类平台协议中。为了预设利益分配，提高交易安全和效率，各数字平台通常会制定"服务协议"等只需用户点击"同意"即可成立的互联网服务格式合同，这些合同是用户加入该网站进行商品交易或接受服务的首要前提，不仅规范了用户与平台提供者之间的权利和义务关系，还广泛影响到消费者与网络经营者之间的权责分配。数字平台内化法律规范目的有二：一是为了建构平台生态系统的秩序，二是规避司法风险，进行合规化改造，以避免平台和政府之间出现过于紧张的对立关系。但是，与政府的法律规范相比较，数字平台构建的规则更具体、更有针对性和可操作性。如欧盟通用数据保护条例（GDPR）正式实施后，很多企业都据此进行合规化改造，重新修订了各自规则体系中的部分条款。根据《福布斯》报告，GDPR 让美国财富 500 强企业在其实施前就花费了 78 亿美元合规成本。[①]

---

① 腾讯研究院：《全球最严个人数据保护法 GDPR 实施之后》，https：//www.tisi.org/5055.

2. 物理世界共识的线上化

数字平台也会将线下的能够适应于网络空间的国际共识和社会共识迁移到线上，内化在规则制定过程中，成为他们立规和经营的指导原则与宗旨。如有关色情、暴力、恐怖主义等内容在各国都是被限制的，数字平台也会制定相关标准，主动过滤此类内容。有一些网络社交平台运营商已经开始合作创建可识别暴力或极端内容的图片和视频的数据库。隐私保护也是从线下到线上都拥有的共识，由于数据搜集和处理的便捷性，线上侵犯隐私的问题更加突出，数字平台也大都制定和实施了有关隐私保护的制度规范。

（二）新制度建构模式

当市场中原有的线下交易规则无法满足平台交易的新变化时，数字平台为了保证交易的顺利进行和纠纷的快速处理，会自发地进行规则的创建。

1. 创立最佳实践

所谓最佳实践（Best Practice），是由某一领域的专家通过不断尝试而逐步形成的，已经在别处产生显著效果并且能够适用的优秀实践。数字平台处在不断创新的环境中，时刻面临着竞争压力，为了提高运作效率，增强创新能力，更好地满足客户需求，它们会不断积极地、系统地创建和传递最佳实践，力图使其成为进行某项工作的标准操作程序，进而具有普遍的影响力。通过创建和传递最佳实践，一方面可以帮助相关人员更快速和更有效率地学习、管理和积累好平台的显性知识和隐性知识，使其能够系统化并不断向外扩散，成为一种超越平台的行动指南，另一方面也可以提高平台的工作效率，减小运作成本，加强平台的整体竞争力。

2. 建构新共识

为了建立协作网络，提高民众的认同度，数字平台及其生态系统会发挥观念塑造能力，努力构建网络空间的新共识，并反过来将其作为治理工具，引导网络舆论，塑造符合自己预期的网络行为。近几年，不断涌现的网络热词以及各大平台的热搜，就是平台塑造和构建共识的过程。

3. 以社会契约订立网规

平台不仅是企业，也是市场。由于规模巨大，类型多样（电商平台、网约车平台、社交平台、生活服务平台、政务平台等），商业模式多元（B2B、B2C、O2O、C2C 等），涉及领域广泛，链接的商户和用户众多，其复杂性超过了以往的各种企业形式，加之其拥有去中心化以及跨国界性等根本特征，各国政府难以制定统一的监管标准和规则对其进行治理。因此，平台通过契约形式充当规则制定者的现象越来越普遍，它们或是以服务协议和点击同意等形式签订格式合同，提出高于法律规定的标准，或在法律未做规定的情况下制定相关规则，由此形成了复杂的、成体系的网规系统。在实践中，这些契约称谓多样，大多冠以"声明""协议""条款""规则""须知"等称呼，但其本质都是用户和平台之间形成的契约。这些契约规定了广泛的权利义务关系，成为网规的重要组成部分。

（三）公私合作建构制度模式

在网络空间治理进程中，数字平台还会通过与政府或公民社会之间的合作来制定相关规则，以达成特定治理目标。第一，基于数字平台具有的数据优势，公私协同构建互联网行业规范和行业标准比较常见。很多行业规范和标准都是基于相关平台已有的规范和标准，加上官方确认和优化后确立的。一些先行数字平台确立的企业规则和标准会逐步渗透发展为接受度较高的行业规范，而其中具有普遍意义的行业规范会通过自下而上的方式逐渐被吸纳到国家法律法规及国际规则的制定过程中，实现网络行业规范的法规化。第二，在网络空间治理实践中，很多数字平台会直接参与到各国政府的制度设置和组织机构建设中。均衡的公私合作关系是网络空间治理达成目标的保障，将政府的网络空间治理意愿与数字平台的偏好和需求结合起来的关系性机制，是推动建立公私行为体共同应对网络空间治理长效机制的关键。网络空间治理进程中公私合作的模式已经广为运用，在平台经济发展、跨境合作、技术治理网络安全、打击网络犯罪等方面均发挥了重要作用。[1]

三 数字平台建构的制度体系

（一）制度的组成

1. 平台规则与服务协议

享有和行使规则制定权是建构私人规制体系的前提，而设定规则，建立信息反馈和监督机制，以及设立回应和纠正违规行为的机制，[2] 是一个有效的规制体系必需的核心功能。数字平台已经通过投资布局、战略合作和产业延伸等方式，直接或间接地参与了几乎所有的互联网细分领域，融合日常网络监管、身份认证、内容审查、违法信息阻止、知识产权保护以及网络安全维护等各类服务于一身，因此，数字平台在不断的治理实践中充分行使了规则制定权和实施权，制定和实施了绝大多数的网络治理规则。为了维系正常的运行秩序，提高交易效率，数字平台制定交易规则和服务协议，并监督执行交易规则、解决交易争端、处罚违规行为的做法，已成为很常规的制度建构过程。它们制定规则的行为与"立法"有着相似的逻辑，都是为规制对象设定责任和权利义务，并为相应的"执法"提供依据。所以，交易规则和服务协议已经成为平台企业对各类网络行为与平台内经营者进行治理的主要依据。[3]

平台规则是数字平台经营者单方面制定和维护的，普遍适用于所有的平台用户，并可能涉及公共利益或其他各方利益的公开规则。[4] 数字平台既制定规则又执行和实施规则，既关注结果又注重过程规制[5]，因

---

① 江溯：《论网络犯罪治理的公私合作模式》，《政治与法律》2020 年第 8 期。

② ［英］科林·斯科特：《规制、治理与法律：前沿问题研究》，安永康译，清华大学出版社 2018 年版，第 5 页。

③ 马丽：《网络交易平台治理研究》，博士学位论文，中共中央党校，2019 年。

④ 中华人民共和国商务部：《网络零售第三方平台交易规则制定程序规定（试行）》，http://www.gov.cn/gongbao/content/2015/content_ 2821636. htm。

⑤ 高秦伟：《跨国私人规制与全球行政法的发展——以食品安全私人标准为例》，《当代法学》2016 年第 5 期。

此，能够通过规则与协议的制定、发布和执行来引导、规范与惩戒平台生态系统中各方之间的互动行为，从而影响到不同群体的利益关系和话语权。基于其结构性地位和中介作用，数字平台制定的交易类规则是围绕平台产生的规范中内容最丰富、涉及范围最广，与用户关系最为紧密的规范内容。随着所涉领域的复杂化，数字平台的规则和服务协议已经逐渐发展成为一个精巧复杂的规则体系，并配备了相应的组织机构以保证它的落实，逐渐具有了"软法"的特征，对于活动于其上的其他主体产生了广泛的约束力和控制力。

从表现形式来看，各国的数字平台规则和服务协议还没有形成统一的形式，不同数字平台的规则内容和呈现方式也不尽相同，大多数平台均以条文化的，类似法律法规的形式呈现，名称多为"规范""细则"等形式，但各类数字平台制定的规则已越来越复杂和细致，具有完整的体系结构和主要内容，几乎囊括了数字平台所涉各业务领域中的多种行为标准及处罚措施，其数量和规范程度都已经接近于法规体系。正是通过建立这些规则，数字平台维护了平台市场的交易秩序与安全。

此外，数字平台还形成了一套内嵌于"代码"的网络技术规则来控制和塑造人的行为。技术规则根植于数字平台系统中，以代码的形式显现出来，指引着数字平台系统的塑造，构成其他主体参与平台活动的预设环境和架构，成为平台系统实际的规制者。正是基于此，莱斯格认为网络空间的代码将决定网络空间的自由与规制的程度。[①]

2. 各类标准

标准是全球治理的重要工具之一，但目前的标准制定主体与过程存在高度分散化的趋势。因而，标准制定也成为平台私人规制发挥其治理功能，获取治理效用最典型的方式。一般来说，广义的标准是指一种

---

① ［美］劳伦斯·莱斯格：《代码 2.0：网络空间中的法律》，李旭、沈伟伟译，清华大学出版社 2009 年版，第 7 页。

"促成共识的行为方式"①，而狭义上的标准是指相关领域的技术性规则，是经公认机构批准的、规定非强制性执行的、供通用或重复使用的产品或相关工艺和生产方法的规则、指南或特性的文件。重要的是，不论是广义的标准还是狭义的标准，都在一定程度上与一定的社会环境和价值导向相关联。② 所以，标准虽然涵盖了技术性信息和元素，但是也会从规范性角度对相关问题和行为进行界定，这为平台通过标准制定参与网络空间治理奠定了基础。

总体而言，数字平台私人规制机制下形成的标准本质上是一种市场和规则体系需求共同驱动下的产物，一般以协商一致的方式产生，并通过数字平台系统的渠道向外转化和扩散，逐步取得认可，最后成为具有约束力的规则。标准的制定和推广会给平台企业带来先发优势和话语权，因而，近些年来，平台企业越来越注重标准的制定和推广，力图使其在互联网以外的社会领域也能够发挥作用。这些标准本身涉及了广泛的领域，既包括产品标准，又涵盖过程性标准、行为性标准和监督性标准。

3. 认证制度（Certification）

从一般意义上来讲，认证是指"由独立于供方和需方的、具有权威性和公信力的第三方依据法规、标准和技术规范对产品、体系、过程和人员进行合格评定，并通过出具书面证明对评定结果加以确认的活动和程序。"③ 这一过程体现了独立属性和担保属性。早期的认证对象主要集中于各类工业产品，认证模式也比较单一，随着认证制度影响范围的不断扩大，认证模式和认证对象不断多样化，人员认证、机构认证等认证方式层出不穷，认证对象也逐步扩展到了服务、流程、管理系统和身份等领域。数字平台更是拓展了认证的内涵和外延，开展了各种类型的

---

① 连洪泉、周业安、左聪颖等：《惩罚机制真能解决搭便车难题吗？——基于动态公共品实验的证据》，《管理世界》2013 年第 4 期。

② 刘菁元：《全球治理中私人规制的行为逻辑研究——以国际森林管理委员会为例》，博士学位论文，外交学院，2021 年。

③ 李春田：《标准化概论》，中国人民大学出版社 2010 年版，第 173—176 页。

认证：身份认证、资质认证、经验认证和信用认证等。在国内，有百度经验认证和官网认证等身份类与资质类认证，还有阿里巴巴的芝麻认证等信用认证。认证制度的出现，在一定程度上保障了网络空间的真实性和有序性，但认证赋予了数字平台评判其他主体的话语权，进一步强化了其影响力。

4. 声誉机制

在大数据技术等新的市场要素的赋能下，平台还独创了声誉机制等途径实施治理。所谓声誉机制，指的是一套信用评价系统，平台中的各方可以对服务和产品的供应方做出服务、治理和资格等方面的评价，后来者可以将这些评价作为选择参考和依据。由于网络空间的虚拟性，人们对平台经济的风险更敏感，信任成为稀缺品，而风险和信任是衡量用户体验感的重要维度①，因而，各类数字平台普遍会通过建立声誉机制来增强平台信任度、降低用户风险感知。目前，大部分交易平台都开通了面向双边用户的评价与投诉机制。声誉机制在数字平台内构建了一套征信规则，降低了信息不对称，每次交易都会积累这样的评价数据，有利于推动优质商户在未来达成更高的交易率，这在培植市场信用的同时，通过私人规制的方式起到了优胜劣汰的作用，② 实现了网上交易的重复进行和优质商户在市场中的逐步积累。当然，声誉机制也存在评价参与度低③、评价噪声④等缺陷，但不可否认的是，其已成为维系平台生态系统的重要治理工具之一。

---

① Nambisan S. ，"Information Technology and Product/Service Innovation：A Brief Assessment and Some Suggestions for Future Research"，*Journal of the Association for Information Systems*，Vol. 14，No. 4，2013，pp. 215 – 226.

② 孟凡新、涂圣伟：《技术赋权、平台主导与网上交易市场协同治理新模式》，《经济社会体制比较》2017 年第 5 期。

③ Dellarocas C. and Wood C A.，"The Sound of Silence in Online Feedback：Estimating Trading Risks in the Presence of Reporting Bias，*Management Science*，Vol. 54，No. 3，2008，pp. 460 – 476.

④ 张新香、胡立君：《声誉机制、第三方契约服务与平台繁荣》，《经济管理》2010 年第 5 期。

5. 共识和惯例

在网络空间中，早期治理都是基于技术社群的普遍共识而展开的。因此，共识和惯例也成为数字平台参与规制的重要制度形式。谷歌、腾讯、阿里巴巴等平台都建设了自己的研究院，独立或与其他研究机构合作发布研究报告，提出创新概念，以此来塑造共识，参与观念建构，并通过特定的扩散机制，如座谈会、研讨会、学术性出版物、研究报告，以及各种非正式的交流等向全世界宣传其观点，并通过政策游说和议程设置等方式提高其主张和方案的被接受度。

(二) 制度的特征

数字平台建构的规制制度具有一些鲜明的特征，使其有别于传统的政府法规。第一，规则属性的双重性。数字平台和被规制对象之间存在着持续的相互改造和制约，从而实现了彼此关系的建构与再生产，由此形成了数字平台占主导地位的网络空间显性关系。在自身结构、功能和机制的建设过程中，数字平台逐步建构出了严密的规则体系，这些规则是企业内部管理的工具和行为规范，不具有法律意义上的普遍强制约束力，但基于现在平台具有的强势市场地位和技术权力，这些规则同时也具有"软法"的属性和事实上的强制性地位，一经发布，会对被规制对象产生普遍的规范性约束力，任何相关主体均得遵守，否则会承担经济性或声誉性处罚后果，因而成为平台治理的重要工具和媒介。这些制度一方面扩大了数字平台的治理范围，提升了其治理地位，另一方面使得私人规制这一做法得到越来越高的认可度。第二，规则内容的专业性和针对性。虽然各种数字平台制定了内容各异的规则，但究其本质都是市场内部的规制，所以规则条款是专业和细致的，针对性强，因而具有更强的适用性。第三，规则的制定、修改和实施是多方参与的，具有合作性。网规的制定与修改没有硬性的程序限制，可以随着问题的出现随时调整。借助网络参与的便捷性，众多主体都可以参与，如淘宝的规则众议院，其他主体都可以参与投票。合作模式下产生的规则体系有利于其在大范围内传播和扩展，扩大了其影响力。

第二节　数字平台在网络空间中的技术治理

相对于其他主体，数字平台不仅具有技术优势，还因连接多边用户而具有数据获取的便利和优势。因此，技术治理也成为数字平台的重要治理手段。一方面，数字平台会借助技术手段建构其他主体活动的空间和架构，由此预设了其他主体的行动环境和选择范围；另一方面，在掌握数据资源的基础上，平台也会利用数据挖掘技术对治理领域进行精准分析和预测，并利用机器学习和算法技术支持治理决策，减轻了治理盲目性的同时也规训了其他行为体。

一　技术规训：基于技术和大数据的全景敞视

（一）新空间与监控范围的无限扩大

网络空间为社会活动提供了新型空间资源。按照社会学家卡斯特的观点，现代社会是围绕着流动的要素而建构起来的，这些要素包括资本流动、信息流动和技术流动，网络空间为各种要素的流动提供了空间资源。① 在社会意义上，人类通过各种数字化的通信工具即时交流和沟通，进行人际互动，网络空间使社会不断网络化；在经济领域，许多产品的生产、交易、消费可以在这一新的空间中进行，有了以电子商务为典型代表的数字经济；在文化领域，各种数字化的人类作品被不断地创造出来后广泛地传播于各种数字媒介中。由于有了这个新的空间，人类的社会活动、经济活动、文化活动甚至政治活动可以大规模地增加，相比原先的自然空间，这些活动的速度更快、频率更高、规模更大，而成本却更低。网络不仅是一种媒介和工具，更是一种生存方式和行为场景，是众多社会生产、生活以及其他社会活动的载体。不同于物理空

---

① ［美］曼纽尔·卡斯特：《网络社会的崛起》，夏铸九、王志弘等译，社会科学文献出版社2003年版，第505—507页。

间，这个场域主要是由代码建构的，人们以缺场的方式活动于其间，这赋予了代码的掌控者独特的权力和地位，可以站在技术搭建的云端鸟瞰和监控所有行为体及其行为。在现实社会中，监控需要依靠地理环境、建筑结构和监控设备，在网络空间中，行为体的言论和行为主要以点击操作的方式呈现，而各种操作都会作为数据被平台所观察、记录和分析。这意味着，代码的掌控者可以从一个单一的点，实现对多个个体的持续监控。随着网络监测系统的不断完善和发展，时时刻刻、全方位的网络监控在理论和实践上都已成为可能。在互联网时代，人们可以足不出户获取全球信息，但同时也可能足不出户被全球了解。假如人类所有的社会行为都与互联网相互链接，那么从理论上讲，所有社会成员的全部社会行为最终也可以被完全监控。然而，这种监控往往是隐蔽的，被监控对象可能并不自知。

（二）数字全景敞视与技术规训的显现

通过数字技术的运用，现实空间被模拟转化成了海量的二进制代码，因此，网络空间的技术治理主要以代码为基础。这些代码是一组由字符和符号组成的规则体系，以离散形式表示信息。代码在网络空间中扮演着重要角色，支撑着互联网政治、传媒、商务、教育、艺术等各个领域的社会沟通基础。它决定着谁能接入什么样的网络实体，规范着人与人之间的关系，也决定着网络空间自由和规制的程度。代码不仅根植于软件与硬件中，引导着网络空间的塑造，还构建了社会生活的预设环境和框架。在网络社会中，人们遵守关键规则不仅是因为社会和国家的管理压力，更源于统治网络空间的代码和架构。从消费者的联系到网络浏览和访问，各种网络行为都受代码的控制，而万维网的大尺度拓扑结构进一步加强了对网络行为的控制和可见度，这种控制的监管颗粒度甚至超过了政府监管，因为政府监管要受制于资源和人力的限制，监管程度和稳定性有限，但控制网络的拓扑架构却有相对的稳定性。

代码在网络社会能够形成一套内嵌于其中的网络技术规则和行为规则，那么人们就能够利用代码来控制其他人的行为。因此，以代码为核心的技术治理具有规训网络空间参与者行为的能力，而其运行的主要内核就在于基于数字技术的"规训权力"的形成。数字化的规训权力是微观权力网络与数字技术相结合的产物，网络的普遍化使得网络空间的规训权力机制更加普遍与高效。

学术界关于"规训"的思想资源主要源自福柯在《规训与惩罚》一书中对全景畅视建筑社会功能的分析。这种建筑呈环形结构，四周被分割成多个囚室，中心是一个瞭望塔，通过玻璃可以环顾四周。在环形边缘，人被彻底观看但不能观看他人，而在中心瞭望塔，瞭望者能观看一切却不会被观看到。福柯认为，全景畅视建筑的结构本身就能够产生权力效应，监视是匿名、持续和自动的，即使监视行为中断，监视机制也会继续运作。建筑的空间结构塑造了一个个可以被随时观看和辨认的空间单位，使被囚禁者处于持续的可见状态，从而确保权力自动发挥作用。这种机制使权力成为可见但又无法确知的存在，具有自动化和非个性化的特点，[①] 对每个置身其中的人都具有制约力。正是被规训者经常能被看见和能够被随时看见这一事实，使他们总是处于受支配的地位。

福柯关于规训的洞见直到今天仍不失其深邃，虚拟全景敞视结构是对大数据时代网络空间的现实描述。当社会发展至数字时代，网络空间成为大批现代人的聚集地，全景敞视的权力运作模式辅之以数字技术手段，网络社会中的人如同透明体般被观察和记录，进而对他们进行规训，由此规训不仅在网络中找到了新的渗透空间，还发展出了新的规训形式——技术规训。

数字化的方式扩展了权力的范围和深度。在网络空间中，监视不再局限于物理的监狱建筑，互联网技术提供了更广泛、更便捷的监视手段，使监视变得更为普遍、持续和难以察觉。个人的在线行为可以被跟踪、记录和分析，从浏览历史到社交互动，几乎所有的数字足迹都可以被监视。通过 Cookie、用户注册信息、IP 地址等数据，监视者能够获得

---

① 姜方炳：《制度嵌入与技术规训：实名制作为网络治理术及其限度》，《浙江社会科学》2014 年第 8 期。

大量关于个人的信息，从而进行行为分析和预测。这种数字化的监视手段使得权力可以更精准地作用于个体，实现对个体的持续监视和控制。同时，互联网技术还提供大数据分析、人工智能等工具，进一步增强了监视的效果。通过分析海量数据，监视者可以发现模式、预测趋势，甚至进行个性化的定向监视和干预。这种智能化的监视手段使得权力运作更加高效和隐蔽，对个体的影响更为深远。因此，全景敞视的权力运作模式在互联网技术的加持下得到了延伸和强化，使得监视与控制更为普遍、持续和难以逃脱。随着后台程序的运行，全景敞视机制在整个网络节点中得以广泛渗透，通过特殊的激励功能和行为检测方式，构建了严格的协议约束、严密的监督体系和规范的训练程序，对个人的行为习惯进行精细化的规训和塑造。在这个数字化的网络环境中，个人的一举一动都被全方位地监视，而权力的实质却难以被观察到，只能感受到其无处不在的影响。这种网络式的数字化全景敞视以更加理性和自觉的方式影响着个体的行为方式，使其难以规避和抗拒，只能被权力网所笼罩，时刻受到制约。符合规范的个体不断被强化和巩固，而违反规范的个体则被边缘化和排斥，视为潜在威胁，技术规训就此成为一种新的权力技术。

在网络空间治理中，规训机制承担主要的日常任务，而非正式法律。通过规训手段的运用，能够以较小的成本维护网络秩序和安全，确保复杂网络空间的良性运转。即使网络立法不够健全，仍然可以依靠高效的规训体系来维系网络空间的稳定性。在网络社会中，全景敞视结构是由各种数字技术共同构建的，而掌握这些技术继而掌握这一规训权力的个体或组织就是坐在虚拟瞭望塔里的监控者，当然，数字平台就是其中最重要的监控者之一。

二 数字平台技术规训的实施

福柯在《规训与惩罚》中具体地描述了三种规训手段，分别是层

级监视、规范化裁决和检查。① 随着网络空间中数字平台占据了结构性
地位，这三种规训手段在网络空间中产生了新的表现形态，数字平台开
始以这些进化了的手段规制网络行为。

（一）控制代码：监控的数字版本

对规训对象进行持续和全面观察是规训得以实现的基础。所以，规
训首先依赖的是监视机制。平台依靠代码和网络技术构建的虚拟全景畅
视结构，提供了一种无所不在又不被察觉的监控的可能性。从本质上
看，这种全景敞视规训机制的数字版本有其实现的闭环过程：网络场景
和活动的可编码化—搜集被编码的数据—以代码形式显现的数据在网络
空间中传递—数字平台控制代码—代码还原为真实场景和活动—行为被
引导和控制。在这个过程中，数字平台作为监控者可以隐藏在代码背
后，无须真实出现，只需控制相应的代码。掌握代码编程、修改和还原
的能力，就能够在不受时间和空间限制的情况下获取控制力量。随着物
联网的进一步扩展，现实生活中的各种行为和信息都能被数字化，以二
进制代码的形式存在于网络空间中。这种普及的可编码性使得隐秘的权
力监视和控制他人行为的可能性越来越大。因为互联网行业各领域中的
数字化进程已经基本被各种类型的数字平台渗透和控制，在网络空间
中，编码的主体绝大部分是数字平台及其附属机构。

在福柯所描述的全景畅视结构中，监控者和被监控者必须处于同一
物理空间，监控者需要直接感知监控对象的活动。然而，在数字化的全
景畅视结构中，所有网络场景都以代码的形式存在，这意味着对最终场
景的监控不再需要监控者在场，只需要获取和控制相应的代码。这大大
扩展了可监控范围，简化了监控过程。无论是从监控对象的普遍性还是
监控场景的空间限制来看，只要是以代码数据流形式存在的物体和行
为，都可以被监控。在这样的权力应用场景中，权力源于对代码的掌控
和建构能力。数字平台、国家以及具有编码和操纵代码能力的技术人员

---

① ［法］米歇尔·福柯：《规训与惩罚》，刘北成，杨远婴译，生活·读书·新知三联书
店 2019 年版，第 184—209 页。

都有可能成为网络空间中的代码掌控者，这些行动者构成了网络空间内的权力中心，其中数字平台在编码和代码控制方面的优势在特定情况下更为突出。在它们的推动下，线下线上一体化的趋势越来越明显，更多的活动将被数字化。未来，更多的社会生活理论上将可以被编码化和监视化，这将是一个没有隐私的世界。此外，所有的代码理论上都能永久存在，因此，每个主体在网络中的所有行为都存在被永远记录和监测的风险。

（二）检查、建档并精准画像

早在 20 多年前，劳伦斯·莱斯格（Lawrence Lessig）提出的论点"代码即法律"[1]，就已经阐明了互联网的技术架构设计所具有的技术规训与控制潜力。事实上，由于网规和算法承载着数字平台的意志并由数字平台负责制定和施行，数字平台因而拥有了规则立法者和执法者的双重身份。此外，通过基于相似群体或相似行为的协同推荐、基于消费或搜索行为的推荐、基于社交关系的推荐，以及分类算法、聚类算法和补足算法等方式，数字平台能够通过自动化规制指标对网络参与者加以规训，并最终使平台目标内化为从业者和消费者的行为准则和价值追求。[2] 它们不仅主导人们在数字平台的行为，也在重塑个体之间的互动方式。社交媒体和短视频平台的消息通知会向用户大脑传递多巴胺，持续吸引他们使用这些应用；谷歌的人工智能算法会在用户输入时预测用户的想法，从而计算出整句话；亚马逊搜索弹出的产品会影响用户的购买倾向；抖音等平台的推荐算法会把用户锁定在自己喜好的信息茧房里……这些规训结果的实现都依赖于由数字平台主导的检查式规训。检查机制将个体进行对象化和标签化，然后针对具体的对象进行检查，最终为每个个体建立精准的数字画像和数字档案。在检查过程中，监视和

---

① ［美］劳伦斯·莱斯格：《代码 2.0：网络空间中的法律》，李旭、沈伟伟译，清华大学出版社 2009 年版，第 1 页。

② 翟秀凤：《创意劳动抑或算法规训？——探析智能化传播对网络内容生产者的影响》，《新闻记者》2019 年第 10 期。

规范化裁决相结合，对对象进行了永无止境的检查和裁决。

在数字平台中，检查式的规训无处不在，既有基于算法的技术检查，也有人工检查。人工检查在内容平台和社交平台中更为常见，如在网络论坛和各种形式的"贴吧"和群组之中，版主、管理员或群主等具有不同身份等级的角色会对平台内容进行日常检查，对符合他们传播趣味的言论尽力提供流量，以推动这个话题成为热点，而对不符合规范的极端言论、暴力言论等会采取惩罚措施，如进行警告或禁言，将损害共同利益的成员踢出等。当然，出于成本和效率的考虑，依靠专门部门和工作流程通过技术手段对不合规的言行进行检查和处理是近几年数字平台更为依赖的规训方式。

（三）以算法为基础的规范化裁决

数字平台构建的虚拟全景畅视监视技术能够诱发出权力控制的效应，而规范化裁决则能通过奖罚二元体制进一步强化其他主体行为的合规性。所谓"规范化裁决"，就是依据已有标准和规则，进一步强化合规的行为，而对违规或不达标的行为会采取相应处罚和惩戒措施，以迫使其尊重规范的权威并服从规范。在数字平台系统中，到处都存在契合平台约束和规训目的的规则和标准，有明确成文的，也有约定俗成的惯例，并且都有与其紧密相连的配套处罚措施。"在规训机制中，惩戒具有比较、区分、同化和排斥的规范功能。"① 从处罚形式的性质来看，数字平台的规则有两类，一类是明确成文的约束性规定，例如内容发布、产品上架、质量管理等规则，一旦触犯了这样的规定，行动者将受到非常严厉的处罚，例如屏蔽、下架、撤店、罚款、账号禁言，冻结账户资金，变更、限制或禁止违规账号的部分或全部功能，暂停、限制或终止用户使用服务的权利，注销用户账号等，这样的惩罚是公开和直接的，最主要的目的是让行为体进入数字平台所主导的"注意力经济"逻辑之中，以确立并维护数字平台的权威和利益，并彰显其不可侵犯的

---

① ［法］米歇尔·福柯：《规训与惩罚》，刘北成，杨远婴译，生活·读书·新知三联书店 2019 年版，第 197 页。

主导地位。另一类则是具有弹性的达标性规定和评比性规则，比如平台会员等级、大V、超级店铺、京东好店等的群体分类；交易平台的业绩考核；内容平台对转发、评论等行为的推崇等，这种划分的整体界限不十分明晰，但存在十分明确的合格标准，对于"不合格行为"，主要采取降级、淘汰等惩罚措施，而对于表现优秀的行为，会有特定的激励措施。这种规范化裁决对行为体形成了强大的心理影响，使其倾向于采取符合规范的行为以获取认可。这种内在的合规压力构成了一种精心设计的强制性控制，推动行为体在数字平台系统中更加趋向于规范地表达和行动。

综上所述，网络空间的秩序由以数字平台代码为核心的一系列技术标准和算法规则所维持。数字平台的技术规范以代码形式存在，同时借助算法模型的表达。这些代码构成了隐性的网络规则，而平台规则则是这些代码和算法的表层呈现，是平台算法的公开化形式。由代码执行的平台规则内嵌在各种交易和服务等活动中，具有直接实施的效力，能够通过一定的规则和方法，对个体的在线行为起到规训的作用。

三 数字平台技术治理的弊端

网络空间数字平台的技术治理涵盖两个方面的含义。一方面，是指以代码为基础的技术规则，包括各种协议、标准、最佳实践等。通过罗伯茨等互联网先驱的努力和数字平台的不断优化，网络空间逐步形成以技术编码和自治伦理为主的技术治理方式。这种技术治理保障了网络的互联互通和数字平台运营的有序发展。[①] 另一方面，是数字平台以大数据为基础的技术规训。技术规训的好处是数字平台的力量得到了整合和优化，提高了平台生态系统的运作效率，更易达到相关主体所预期的具体目标。但不论是哪种层面的技术治理，都存在一些弊端。

第一，数字平台技术治理手段本身存在一些缺陷和不足，可能会影

---

① 郑智航：《网络社会法律治理与技术治理的二元共治》，《中国法学》2018年第2期。

响技术治理的效果。目前广泛采用的技术治理手段之一是建立正常活动模型，然后通过检查当前活动与正常模型之间的偏离来识别非正常行为。这种行为检测方式构成网络空间平台技术治理的基础，凸显了平台技术治理的利益偏好和算法中心主义的特点。然而，这种技术治理手段并不完美，有时行为检测程序可能会出现 bug 或误判的情况，过度屏蔽或治理不足的现象同时存在。这有可能侵犯相关机构或个体的信息传播权、经营权等合法权益，也有可能因治理不到位导致有害信息和不法行为充斥网络。除此之外，技术治理尤其是对内容的治理是以特定标准为前提的，导致技术方式很多时候整齐划一，不会考虑治理对象的异质性，从而产生治理刻板化和僵化的问题。

第二，技术治理具有隐蔽性和专业性，易被数字平台操控，成为它们追逐利益的工具。平台技术的高度专业化导致了技术黑箱，由此容易形成平台与用户双方巨大的地位差异。[①] 技术治理的方案和标准主要是由数字平台及其合作伙伴和专家提出来的，他们基于自身的利益和专业优势，容易形成一种话语权垄断，这种话语权垄断便于他们在实施技术治理时将自我偏好和自我利益植入进去。[②] 尽管算法结果是由数据自动化处理得出的，但其本质是人为编制的运算法则，反映了数字平台所有者和工程师们的设计意图和价值取向。此外，代码与程序的专业性、隐蔽性和复杂性给普通用户识别和理解网络技术和控制标准设置了很大障碍，使得技术手段容易成为数字平台的虚拟审查机器，用以随时监控用户网络行为并对其进行规训，使他们不自觉地做出符合数字平台预期的判断和决定。例如，算法杀熟、信息茧房和被垄断的搜索结果等都是数字平台基于自身利益而进行技术规训所产生的不良后果。特别是在短视频平台上，技术规训浪费了人们无数的注意力资源和时间资源。

第三，技术治理尤其是技术规训，会强化数字平台的影响力和主导

---

① 马治国、占妮：《数字社会背景下超级平台私权力的法律规制》，《北京工业大学学报》（社会科学版）2023 年第 2 期。

② 郑智航：《网络社会法律治理与技术治理的二元共治》，《中国法学》2018 年第 2 期。

地位。相比其他主体，由于数字平台拥有的数据量、算法技术和算力都存在绝对优势，造成他们之间的利益和话语权分配都是有利于数字平台的。这容易造成数字平台在经济领域的垄断问题，而在政治和社会领域，也会侵蚀和削弱政府及社会组织治理网络空间的能力和话语权，容易引发其和政府及其他主体之间的矛盾和紧张关系。因此，需要对数字平台的技术治理进行适度的引领与归化。将政府治理和社会组织治理的基本程序与价值理念如公正、民主、透明等渗透进技术治理过程中，校正技术治理的偏差，确保技术治理公平有序。

第八章

案例研究：电商交易平台的私人规制

第一节　数字时代的电商交易平台

电商交易平台是信息时代云计算和算法革命催生的新商业模式，它通过智能算法进行分析、聚合、链接和匹配各类市场要素，促使平台各利益相关者之间自动完成高效的交易，建构了市场资源整合的数字化手段和虚拟空间。全球影响力较大的电子商务企业，如亚马逊、阿里巴巴、京东等都采取了平台模式。与传统企业相比，数字交易平台具有双重身份，既是谋求私利的企业，同时又是身兼管理职能的市场，这促使它们要承担更多的规制职责，因而，其企业运行模式和属性定位都明显区别于其他市场主体。

电子商务交易平台是网络交易展开的底层架构和基础设施，[①] 在国际贸易发展中的意义重大，它构造了缺场交易主体之间交流和合作的桥梁与渠道，代表着数字时代国际贸易的新发展方向，具有几个明显的特征：

（一）职能的综合化

交易平台的双重身份决定了其需要承担综合的职能，既要保障交易

---

① 胡凌：《从开放资源到基础服务：平台监管的新视角》，《学术月刊》2019 年第 2 期。

的顺利进行，又要采取各种模式创新和技术创新实现企业本身的盈利。因此，交易平台本身包含了个性化服务、完善的规则体系、多样化的功能和海量用户之间的互动，在交易生态圈中起着承上启下的桥梁作用，是联系卖方、消费者、支付方、配送方、电信服务提供方等的纽带，是交易服务的核心与主体。另一方面，交易平台企业涉及多边市场，由于包含多方的权利和义务关系，其面临的治理议题相当广泛，涉及多个治理层次，既包括物理基础设施层的网络接入保障问题，也包含数据内容层的隐私保护、不良信息监控、主体身份认证等问题，也有知识产权保护、电子合同、信用管理等行为规范领域的议题。所以，除了"非寻租"的"守夜人"政府和能够行使监督权的社会力量，[1] 更需要具有双重身份的平台进行积极的自我规制。

（二）定位的相对中立性

数字交易平台作为中介桥梁，提供了一个虚拟的交易空间，建构起以自己为核心的双边或多边市场，并在其中履行撮合交易和解决纠纷等职能。在平台上，买卖双方独立开展经营活动，平台并不直接介入具体交易过程，因而是相对中立的。为了保证交易生态的平衡和有序扩张，平台会尽可能维护中立的形象与地位，这是其作为交易中介的本质要求。但从实践来看，这种中立是相对的，是服务于其掌控市场要素和扩大市场影响力的盈利目标的。

（三）核心价值是减轻信息不对称，降低交易成本

交易平台是虚拟市场，由于不受现实时空的限制，因而可以聚集海量的用户，并依靠数字技术为他们提供需求和供给的高效分析和匹配。相比传统线下市场，交易完全数字化的平台能显著降低买卖双方的信息不对称，减少搜寻成本，优化交易流程。所以，平台上的买卖双方选择的空间更大，实现交易的中间环节更少，效率更高，交易风险更低。此外，通过数字挖掘，在不增加额外固定成本的情况下，平台能充分开发

---

① 孟凡新、涂圣伟：《技术赋权、平台主导与网上交易市场协同治理新模式》，《经济社会体制比较》2017 年第 5 期。

和释放闲置的产能，增加资产运行的效率，最大幅度降低经营成本。

（四）网络效应（Network Effect）助推了市场集中

数字平台是典型的多边市场，作为中介桥梁联系着各利益相关方，因而存在明显的网络效应。所谓网络效应，指的是一个网络的价值与网络中的节点数成正比。具体到交易平台的网络效应，是指一边用户从市场另一边的参与者数量增长中获益，使用者越多其效用会越大。交易平台上的产品越丰富，会吸引越多消费者，而消费者的聚集又会吸引更多商家提供更丰富的产品。比如网约车司机越多，乘客等待时间就越少，乘客越多，司机空驶率就会降低。在网络效应逻辑的驱动下，交易平台能实现急速扩张，不断提升市场占有率。通过正反馈机制，最后容易形成一家独大的市场格局，出现"赢家通吃"的问题。因此，具备网络效应的交易平台通常比其他传统行业具有更高的市场集中度。借助用户黏性和网络效应，交易平台在各自领域取得了压倒性的优势地位，一些超级交易平台也就应运而生，影响力甚至外溢到了社会民生和政治领域。

第二节　交易平台通过制度建构确立了网规秩序

一　交易平台建构制度的动因

在哈耶克看来，这种在人们社会交往的行动过程中经由"试错过程"和"赢者生存"的实践以及"积累性发展"的方式而逐渐形成的社会制度就是"自发秩序"。他认为，这种秩序的出现，实际是适应性进化的结果。① 在电商发展的过程中，在各平台的引领下，也发展出了由技术和网规主导的"自发秩序"。

交易平台凭借互联网技术架构为用户搭建起与真实的物理空间完全

---

① Hayek, F. A., *The Constitution of Liberty*, Chicago: The University of Chicago Press, 1960, pp. 58－60.

不同的虚拟空间作为交易市场，在这个市场中，与交易相关的服务能够通过数字信息的搜索、传输、存储、编辑和发布等功能得以实现，而且交易双方不是一对一的对接，而是由众多潜在的交易人集中在这个虚拟的平台上，借助于便捷的网络查询、浏览和检索功能，实现自发的相互匹配、磋商和交易，因而交易是自主和分散的。在这样的交易平台上，交易相对人无法清晰直接地判断对方的真实身份、资信状况等必要信息，往往只能依靠平台上发布的信息和评价来进行判断。这样，交易平台上主体的真实性、信息的正确性以及交易的安全性等问题，对于交易方非常重要。正因如此，交易平台在提供一种融合了交易服务、支付服务、信息服务、物流服务、信用服务、数据服务、裁判服务和广告服务等网络化的综合性服务的同时，还需要充当协调者、裁判者和引领者的角色，承担纠纷解决、矛盾协调、信息监管、身份认证等的治理职责，这些治理责任的承担一方面要借助于先进的技术手段自动实现；另一方面，也需要平台企业通过制定详细和全面的行为规范并确保其有效实施来保障。

二 电商交易中平台建构的网规体系

为了保证网规治理的有效性，各平台都在全方位推进制度建设工作，形成了较为完备的网规治理结构。

（一）订立了全面的规则体系，提供制度性公共产品

电商平台企业在长期经营中通过第一线的实战经验积累了一系列有效的治理措施，并最终发展演化成为治理在线交易行为的具体规范。中国电子商务领域第一部成形的网规是阿里巴巴集团在其 B2C 平台订立的《淘宝规则》，其于 2010 年 9 月 10 日正式对外发布，并于 11 月 11 日正式开始实施。经过多次修订后，淘宝规则包含了总则、店铺管理、行业市场、商品管理、营销推广、内容推广、交易管理、争议处理、违规处理和生态角色等多个层面[①]，基本上涵盖了从注册到交易完成会遇

---

① 淘宝网：《淘宝规则》，https：//rule. taobao. com/detail-14. htm？ spm = a2177. 723117 7. 1998145739. 2. 5bb817eawCUH2K&tag = self&cId = 114。

到的所有问题，在淘宝网发展过程中发挥了非常重要的治理作用，也为后来的其他电商平台规则制定奠定了框架性基础。在此基础上，阿里巴巴旗下专门从事跨境电商业务的"速卖通"平台也已经建立了包含基础规则、细分行业标准等的系统规则体系。通过建立体系化的平台基础规则，"速卖通"平台对其平台上的商户和用户的交易行为边界进行了界定，同时在规则构建过程中也强化了其自身的市场权力。外化的规则通过交易行动在市场行动者心中形成了共同的理解和认同，从而形成了由这一系列的普遍规则支配的市场秩序。一方面，这些措施以限制类为主，有别于法律法规的强制性措施，不会对处罚对象的固有权益造成直接损害，也不以处罚财产为主要手段对其加以限制，而是基于双方签订的合同，通过有条件地提供服务的方式因地制宜地校正对方的行为，是"软法"，能起到治理的作用，但手段是非强制性的；另一方面，这些处罚措施的规定十分具体，所以具有较强的可操作性，对于解决实际问题十分有效，此外，处罚的实施都会首先进行警告，只有在警告无效的情况下才会进一步升级处罚措施，充分体现了个性化与人性化，可以弥补法规治理重原则性和惩罚性而轻个性化和针对性的缺憾。除和自身发展直接相关的交易类规则外，平台还会制定很多更具社会属性的规范，如阿里巴巴平台自2015年起就创设的芝麻信用分机制，截至2023年年底，已积累了数千万的用户，相较于传统征信平台，不论是在空间还是在信息整合上都有很大提高，[①] 在小额信贷和小额支付等领域发挥着重要作用。

（二）建立了专门的部门负责规则的制定和执行

目前，影响较大的电商平台企业都有专门的部门负责规则的制定和执行，从机构方面保障了规则能有效发挥治理作用。2015年，阿里巴巴首次组建平台治理部，专门负责规则制定、打假、炒信和知识产权保护等事宜。在专职团队的推动下，已经形成了规范的规则产出流程，规

---

① 李怡然：《网络平台治理：规则的自创生及其运作边界》，上海人民出版社2021年版，第95页。

则的新增、变更和废止都遵照一定的流程进行，包括从最初的需求生成和受理，到规则的起草和审批，再到规则的发布和生效，以及后期对规则执行效果的跟踪和反馈都有特定的流程。此外，阿里巴巴有信息安全部，这个部门既不是信息技术部门，也不负责制定具体的网规，而是一个整合了很多网络交易治理体系的综合部门，维系着阿里巴巴信息真实可靠、交易行为可控等的交易安全。

（三）确定了处理各类问题的完善工作流程

面对各类需要治理的问题，各平台都建立了相应的工作流程，当问题出现后，可以按照流程按部就班地进行处理，并且处理的进程和状态实时在线可查，这为利益相关方在处理问题时带来了确定性，有利于问题的解决和关系的调整。例如，在《阿里速卖通网上交易纠纷规则》英文版中，就详细列出了各类纠纷处理的流程及指南。

（四）建立了网上交易争端解决机制

面对电商中的纠纷，消费者往往对自己的利益能否得到充分保护缺乏信心，因为传统的法院诉讼不仅代价高，而且遇到了网络虚拟性和跨国性带来的挑战。早在 2000 年前后，Ebay 与其合作者便创设出了一套在线争端解决机制——ODR（Online Dispute Resolution），包括在线谈判、在线调解和在线标志等，这是一种替代性争议解决方案，其中，在线谈判（Online Negotiation）可分为协助谈判和自动谈判。在自动谈判中，由 AI 担任中立的第三方，组织双方进行谈判和协商，最终达成解决方案。而在线标志是通过在流程中应用创新在线技术来实现争议解决的方式，在众多网站上普遍使用一种在线标志，以确保商家对在线调解的参与以及对调解协议的履行，承诺愿意以在线调解方式解决争端的商家被授予在线标志，其商誉获得提升，一旦发现该商家拒绝参与在线调解或拒绝履行调解协议，其在线标志即被取消，商誉随之下降，消费者凭"在线标志"即可判断商家的商誉。[1] 通过在线组织信息、发送自动

---

① 阿里研究院：《新商业文明的治理规则——2010 年网规发展研究报告》，https：//www. docin. com/p-76737126. html。

回复、监督绩效、安排会议、澄清利益和优先事项等方式，在线争端解决机制充分发挥了信息通信技术的作用，所以，随着信息通信技术的发展速度越来越快，ODR 流程的效率也会越来越高，从而为争议各方在节省时间和降低成本方面提供了更大优势，这种争端解决方式也越来越受到其他平台企业甚至其他行业企业的青睐。

（五）建立了保障规则和契约执行的机制

对电商平台而言，大量商户和消费者汇集，网上交易具有匿名性和跨时空性，正式的法规执行难度大，声誉、信任等社会资本也难发挥作用。这就需要企业自身建立一套契约执行机制，以保障违约行为能得到及时惩罚，交易能顺利完成。契约和规则的执行和实施需要强有力的主体权力，但平台企业没有强制性的行政权力，针对平台上的违规行为，一般会使用其市场权力和技术权力进行处罚。网上交易突破了时空限制，对线下分割市场进行了整合，由此形成了更为集中的商户、平台和用户格局的多边市场，由于网上交易中存在流量"马太效应"，因此形成了交易平台占支配地位的格局，从而赋予了平台一定的市场权力。① 利用其市场权力，平台企业可以通过事先选择或事后处罚等方式推进其规则和契约的执行。比如，亚马逊、抖音等平台会通过控制流量等形式实现对店铺的惩罚，而阿里巴巴在管控措施里则有一般市场中也存在的警告、支付违约金等处罚方式。此外，交易平台企业还会依托技术规则制约平台上的买卖双方，如商品搜索降权、商品下架、店铺屏蔽、限制发货，甚至关闭店铺等，从而能保证其规则得到执行。另外，由亚马逊创立的信用评价机制也是重要的契约执行保障渠道，经过多年的演进，这一机制已被绝大多数平台企业所效仿。交易平台还会设立专门机构对规则进行监督执行，主动打假、商品购买抽检等做法是常用的监督方式。淘宝网已于 2011 年建立了商品抽检制度，并构建了对商品进行预防性主动监控的机制。

---

① 孟凡新、涂圣伟：《技术赋权、平台主导与网上交易市场协同治理新模式》，《经济社会体制比较》2017 年第 5 期。

第三节　交易平台通过技术规训
形成了技术秩序

从贸易的角度看，电商平台系统是一个复杂系统。据相关统计，2022 财年，阿里巴巴集团收入同比增长 19%，达到 8530.62 亿元。截至 2022 年 3 月 31 日，阿里巴巴全球年度活跃消费者（AAC）已达到约13.1 亿，其中中国市场消费者同比增加 1.13 亿，实现了超过 10 亿消费者的里程碑，海外市场同比增加 6400 万，拥有 3.05 亿消费者。[①] 这是人类社会发展史上从未面临过的复杂系统，不管是平台企业本身还是政府，面对这种新贸易模式时都缺乏经验。推动这种贸易模式的治理，除了利用法律法规、网络规则等制度手段，还需要更加重视使用如人工智能和区块链等技术手段，通过大数据构建信用体系和代码规则，让平台治理更加精准和高效。

美国学者劳伦斯·莱斯格教授提出了规制网络行为的四要素理论。他认为，在现实社会中，人的行为受四个要素的制约，它们分别是法律（Law）、准则（Norms）、市场（Market）和结构（Architecture）。其中准则主要指社会行为规则和道德规则，市场是指完成某行为所必需的市场成本或价格，而结构指天然的或人为的技术限定。在网络中，莱斯格认为其"结构"是"代码"。他认为，现实世界主要受法律的规制，而网络世界则主要由代码所规制，它包括构成网络所必需的软件、硬件及网络协议和技术标准。[②] 在电商的发展中，这种以代码为核心的技术治理尤其具有重要意义。网站的技术架构和系统设计从底层逻辑上就决定

[①] 阿里巴巴集团控股有限公司：《2022 财政年度报告》，https://ali-home.alibaba.com/document-1489047618746056704。

[②] ［美］劳伦斯·莱斯格：《代码 2.0：网络空间中的法律》，李旭、沈伟伟译，清华大学出版社 2009 年版，第 43—170 页。

了买卖双方之间互动的行为逻辑和行为模式。此外，围绕电子商务中的知识产权保护、假冒伪劣商品识别、身份认证、数字签名、隐私保护、欺诈行为识别、权利救济等诸多方面的问题，只有僵硬的规定和繁忙的管理员是不行的，只有借助于技术带来的自动化和信息化治理才可能应对。所以，通过"搜索""验证""痕迹追踪""信息筛选"和"加密"等技术手段，交易平台实现了针对大规模、高频次交易的动态化、多样化、多元化、信息化和自动化的治理，从而使分散、海量的在线贸易得以实现。阿里巴巴等电商平台会不定时调整搜索规则，搜索引擎会自动识别卖家是否有各种搜索作弊行为，并作出不同程度的搜索展示降权处理，严重的甚至会在搜索结果中被屏蔽。①

技术治理使治理过程化于无形，也使治理行为无时无处不在，真正做到了发展与治理的统一。技术治理更使治理趋于"软化"，治理措施变为善意的提醒和及时出现的警示，防患于未然，是事前预警，而非事后处罚，更有利于防止大规模违规行为的出现。技术治理更使治理空间和领域不断延展，不仅能横跨五大洲六大洋，也能实现对长时段内行为记录的随时提取和分析，有利于加强正式规则制定时的针对性。

综上所述，电商平台的价值，就在于它在复杂的交易主体之间提供了非常重要的匹配服务和治理服务。平台不仅提供了在线交易的基础设施服务，也通过技术和网规提供了诸如信用、身份认证等公共服务，扮演了公共产品提供者的角色。所以，交易平台形成了一个复杂的协同网络，极大地提升了治理的协同效应，推动了电商生态的整体发展，充分体现了私人规制有效性的一面。

---

① 阿里研究院网规研究中心：《平台化治理：2011 年网规发展研究报告》，https：//www.doc88.com/p-9364469579044.html？r = 1。

结　　论

　　网络技术的发展促进了经济繁荣、科技进步和思想传播，给人们带来了便利和高效，因而，人们将越来越多的活动转移到了网上，并由此形成了一个新型的活动空间——网络空间。随着网络空间的不断扩展和线上线下的进一步融合，网络空间中出现了"治理黑洞"，对社会稳定和国家安全造成了威胁，网络空间的安全问题成了重要的国际关系议题，各国开始高度关注网络空间的治理问题。基于此背景，本书以网络空间的无标度复杂网络结构为出发点，借助社会网络理论和协同理论分析了政府、私营部门和公民社会等治理主体在国际、国内两个层面的复杂互动关系及其所形成的互动网络结构，并在此基础上探讨了在治理议题多层、异质并不断发展演变的情况下，治理主体之间的博弈互动关系如何在不同议题的治理中演化出不同的治理机制，并在主体之间和机制之间如何实现协同效应的问题。在此过程中，针对近几年网络空间中数字平台影响力不断提升这一现象，结合网络空间多元治理的实践，重点探讨了作为私营部门代表的数字平台如何积极实施私人规制，进一步强化自身影响力这一问题。通过研究，本书得出了以下结论：

　　（一）网络空间治理中存在多层互嵌的治理议题

　　映射了物理空间的网络空间既是信息技术空间，也是社会活动空间。它为现代社会提供了基于私有产权基础上的资源和信息分享空间，因而既有公域属性，又有主权属性，利益关系和权力关系复杂。所以，对网络空间的治理涉及广泛的议题领域。借鉴互联网技术架构的层次设计理念，可以将网络空间治理的议题区分为四个层次：物理基础设施层的治理、逻辑层的治理、数据和内容层的治理和行为规范层的治理，不同层次的议题在技术性和政治性等特性上存在差异，并且各治理议题之间存在着多层的互嵌关系，从而形成了治理议题之间的网络化关系，这决定了与此相适应的有效治理模式必须是网络化的。

（二）网络空间治理中出现了多元权威中心

数字网络技术发展带来的主体关系改变，为市场力量和社会力量在更大范围和更深层次上参与网络空间协同治理创造了条件。在数字时代，网络技术发展和扩散的非均衡性，以及不同行为体对科技理念与成果吸纳效能上的差异，使这种技术对不同的行为体产生了差异化的影响，资本力量异军突起，市场结构性影响突出，社会内部既有的均衡格局也被打破，公民社会组织不断崛起，网络空间治理中出现了多元的主体。但不同主体的偏好、利益和竞争优势不同，因而在网络空间治理中扮演了不同的角色，行使着不同的职能。

（三）多元治理主体之间形成了多层次博弈基础上的复杂竞争和合作互动网络关系

除了治理主体的不同属性，其相互之间的互动关系在治理进程中具有同样重要的意义。"国际行为体间的关系互动产生了国际社会的过程动力，帮助行为体形成自己的身份、产生权力、孕育国际规范。"[①] 在网络空间治理进程中，政府、私营部门和公民社会之间及其内部形成了错综复杂和相互嵌套的不对称关系，这种关系不仅是基欧汉提出的基于利益的相互依赖关系，还是在网络空间治理中，政府、私营部门和公民社会这三种异质行动者之间因频繁的竞争与合作互动、资源的交换和复杂的交易，所联结交织而形成的多重复杂的社会网络。在这个网络中，各行为体都有不同的角色、定位和竞争优势，并依据其在关系网络中的"位置"进行决策。在以获取稀缺资源为目的的竞争行为推动下，这些

---

① 秦亚青：《国际政治理论的新探索——国际政治的关系理论》，《世界经济与政治》2015 年第 2 期。

关系促使治理主体之间形成了非随机的互动网络，这个网络是形成网络空间治理规范和机制的基础。非随机性指的是这个互动网络中的关系不是均匀分布的，而是有强弱之分，甚至会形成"结构洞"，这为各类治理主体通过不同路径以不同方式参与治理，并发挥差异化的治理作用奠定了基础，是协同治理的动力机制。政府、私营部门与公民社会之间复杂的互动网络关系不仅影响公共产品的供给形式和供给状态，还将各方嵌套在网络结构中，促使各方通过博弈实现对各方都有利的公共治理目标，并在此基础上追求差异化的个体利益。

（四）多层多元的协同治理模式可以促使协同效应的实现

在网络空间治理中，技术、知识、权力和资源掌握在不同的治理主体手中，由此形成了多元权威中心，而有效的治理必须依赖对多种资源的综合运用。因此，所有类型的网络空间治理议题都有所有利益相关者的参与，但个别利益相关者对特殊问题的具体参与程度取决于问题的性质和层次，也取决于不同治理主体的竞争优势和治理成本。因此，在不同议题上存在最能整合各种资源的主导力量。作为一般规则，根据治理议题具体的属性组合不同的治理主体和治理手段，其选择范围可以从最底层的"私营部门主导的市场契约"到最高层的"政府主导的法规治理"，在其间的层次上具有不同的治理组合。每个层次的治理议题都有一个特殊的治理模型，每个治理主体根据其个体的诉求和任务，依靠自己的决策权保持"主权"和"独立"。但是所有层和所有主体必须共同努力才能使系统整体运作和高效。更重要的是，所有参与者都变得彼此依赖，并构成一个网络空间治理的协同机制，可以被描述为"多层多元协同模式"。

本书通过权力和权威、合法性、利益相关度和治理成本四个维度比较了政府、私营部门和公民社会这三个治理主体在面对不同属性的治理议题时的优势和劣势，进而根据治理议题的具体属性确定了差异化的主导主体及其治理路径组合：以政府为主导的法规治理，可以确立网络空间的外生秩序，主要适用于内容层和行为规范层的治理；以私营部门为主导的市场治理，主要在物理基础设施层和信息数据层通过技术和竞争的方式确立了契约秩序；而以公民社会为主导的自组织治理通过在逻辑层发挥实质作用，确立了网络空间中的基本共识和价值观，形成了其内生秩序。因此，网络空间协同治理在强调进一步提高主权国家立法的同时，也强调不断改善非政府网络的自我治理机制，并认为两个进程可以进行富有成效的互动，最终实现一加一大于二的协同效应。

（五）数字平台通过积极实施私人规制，进一步强化了自身影响力

一方面，受到传统国际政治格局和现实主义决策方式的影响，网络空间治理被视为是对空间中权力与资源的争夺，而不是共同实现网络空间发展的有序化，各国之间围绕着制度建设和虚拟资源分配的博弈正在加剧，以国家为中心的网络空间治理进程困难重重。此外，互联网催生的一系列全新的生产方式和权力关系对现有治理体系提出了更为复杂的考验，诸多治理议题对专业技术知识储备和治理成本控制都提出了更高的要求，以国家为中心的治理模式在面对复杂多变的网络空间治理议题时已显得力不从心，建立在单一主权国家基础上的公共治理体系已被证明不足以管理日益分散和快速变化的全球网络空间。另一方面，得益于网络空间中权力流散的趋势和协作治理理念的扩展，以市场为基础的私人权威及其影响力在网络空间中的重要性不断上升。一些数字平台为增强市场竞争力，扩展话语权，通过制定私人标准、确立最佳实践和强化技术监督等措施积极参与到网络空间的治理进程中，不仅进一步强化了自身的权威和影响力，而且在客观上促进了网络空间的进一步扩展和治理。以数字平台为代表的私营部门开始填补政府治理留下的空缺，发挥自身在全球网络空间治理中的独特作用。这些现象说明，国家在面对强大的数字平台时可能已无绝对优势来充当监管者和治理者的角色了，国家和数字平台的关系超越了传统的政府—企业框架。

数字技术改变了原有市场和权力运行的很多逻辑。平台在数字技术

的助推下成为网络碎片资源的聚合器和分发渠道，并在此过程中凭借技术优势建立了自身的话语权和建制权，也带动了网络空间规制制度的革新。在追求自身利益最大化的过程中，凭借已取得的私有权力，数字平台单独或通过公私合作以契约化方式制定、发布和执行着大量技术规则和行为规范，建构了网络空间治理的制度体系，不仅设立了专门的机构部门，还建设了平台规则与服务协议、各类标准、认证制度、声誉机制、共识和惯例等一系列制度。同时，数字平台通过技术手段造就的虚拟全景畅视结构规训着网络空间里的行为主体，形成了一套以技术编码和自治伦理为基础的技术治理方式，而这种技术治理具有类似于福柯提出的单向全景规训效果。通过控制代码，数字平台以数据收集和分析技术、网络监控技术和追踪技术等互联网技术构建了虚拟全景敞视结构，从一个单一的点，实现了对众多个体的数字化持续监控，并在此基础上，不断对规制对象的行为和身份等信息进行全方位的观察、记录、描述和分析，从而实现了对他们的检查、建档和精准画像，从中得出的规律将作为进一步预测和引导的依据，其最终目的或是引导和强化某些行为，或是限制某些行为。这种描述造就了一种控制手段和一种支配方法，使技术成为网络行为的指挥棒。技术治理还会进行以算法为基础的规范化裁决，能够通过自动化规制指标对网络参与者加以规训，并最终使平台目标内化为从业者和消费者的行为准则和价值追求。

总之，网络空间是复杂系统，遵循复杂网络发展的规律，网络化治理是其本质要求。数字平台已成为网络化治理中最重要的规制主体之一，国家和社会对其已产生了结构性依赖。其在网络空间的私人规制本质上是以市场化的方式对政府规制职能的部分替代和优化，缓和了网络空间存在的诸多矛盾，降低了网络空间的安全风险，抵消了因国家之间的博弈对网络空间互联互通和数据跨境自由流动造成的部分损害，取得了良好的规制实践效果，具有实效合法性。但其权力内容、来源以及行动逻辑等都自成体系，与政府主导下的传统法规规制模式存在明显差别。作为市场主体，数字平台在网络效应逻辑的驱使下，不仅容易形成赢家通吃的市场垄断地位，还存在滥用规制主体地位谋求私利的可能，如何使数字平台私人规制长期有效和合法，仍是学界应当关注的关键问题。

参考文献

一　中文文献

（一）期刊论文

蔡翠红：《大变局时代的技术霸权与"超级权力"悖论》，《人民论坛·学术前沿》2019 年第 14 期。

蔡翠红：《国家—市场—社会互动中网络空间的全球治理》，《世界经济与政治》2013 年第 9 期。

曹磊：《网络空间的数据权研究》，《国际观察》2013 年第 1 期。

陈氚：《权力的隐身术——互联网时代的权力技术隐喻》，《福建论坛》（人文社会科学版）2015 年第 12 期。

陈璐颖：《互联网内容治理中的平台责任研究》，《出版发行研究》2020 年第 6 期。

陈青鹤、王志鹏、涂景一等：《平台组织的权力生成与权力结构分析》，《中国社会科学院研究生院学报》2016 年第 2 期。

丛培影、黄日涵：《网络空间冲突的治理困境与路径选择》，《国际展望》2016 年第 1 期。

崔保国、刘金河：《论网络空间中的平台治理》，《全球传媒学刊》2020 年第 1 期。

董青岭、朱玥：《人工智能时代的算法正义与秩序构建》，《探索与争鸣》2021 年第 3 期。

范红霞、邱君怡：《"数字守门人"在社交平台上的角色分配与权力流动》，《新闻爱好者》2019 年第 6 期。

方兴东、严峰：《网络平台"超级权力"的形成与治理》，《人民论坛·学术前沿》2019 年第 14 期。

封帅：《人工智能时代的国际关系：走向变革且不平等的世界》，《外交评论》（外交学院学报）2018 年第 1 期。

浮婷、王欣：《平台经济背景下的企业社会责任治理共同体——理论缘起、内涵理解与范式生成》，《消费经济》2019 年第 5 期。

高秦伟：《跨国私人规制与全球行政法的发展——以食品安全私人标准为例》，《当代法学》2016 年第 5 期。

郭渐强、陈荣昌：《网络平台权力治理：法治困境与现实出路》，《理论探索》2019 年第 4 期。

韩新华、李丹林：《从二元到三角：网络空间权力结构重构及其对规制路径的影响》，《广西社会科学》2020 年第 5 期。

贺潋、张旖华、邓沛东：《风险视角下数字平台私权力的法律规制》，《西安财经大学学报》2023 年第 5 期。

胡斌：《私人规制的行政法治逻辑：理念与路径》，《法制与社会发展》2017 年第 1 期。

胡凌：《从开放资源到基础服务：平台监管的新视角》，《学术月刊》2019 年第 2 期。

胡凌：《合同视角下平台算法治理的启示与边界》，《电子政务》2021 年第 7 期。

黄平：《互联网、宗教与国际关系——基于结构化理论的资源动员论观点》，《世界经济与政治》2011 年第 9 期。

黄绍坤：《以私权力为中心重构算法侵权规制体系》，《上海法学研究》2022 年第 1 期。

黄志雄、应瑶慧：《美国对网络空间国际法的影响及其对中国的启示》，《复旦国际关系评论》2017 年第 2 期。

贾开：《跨境数据流动的全球治理：权力冲突与政策合作——以欧美数据跨境流动监管制度的演进为例》，《汕头大学学报》（人文社会科学版）2017 年第 5 期。

贾子方：《关于中国国际关系新疆域研究的几点思考》，《国际政治研究》2017 年第 3 期。

江溯：《论网络犯罪治理的公私合作模式》，《政治与法律》2020 年第 8 期。

姜方炳：《制度嵌入与技术规训：实名制作为网络治理术及其限度》，《浙江社会科学》2014 年第 8 期。

姜野：《算法的规训与规训的算法：人工智能时代算法的法律规制》，《河北法学》2018 年第 12 期。

解志勇、修青华：《互联网治理视域中的平台责任研究》，《国家行政学院学报》2017 年第 5 期。

郎平：《"多利益相关方"的概念、解读与评价》，《汕头大学学报》（人文社会科学版）2017 年第 9 期。

郎平：《从全球治理视角解读互联网治理"多利益相关方"框架》，《现代国际关系》2017 年第 4 期。

郎平：《网络空间国际治理机制的比较与应对》，《战略决策研究》2018 年第 2 期。

郎平：《网络空间国际秩序的形成机制》，《国际政治科学》2018 年第 1 期。

李传军、李怀阳：《网络空间全球治理问题刍议》，《电子政务》2017 年第 8 期。

李琦：《从惩罚到规训：权力的技术与权力的演化——以"权力—肉体"关系为切入点的〈规训与惩罚〉》，《厦门大学法律评论》2008 年第 1 期。

李世刚、包丁裕睿：《大型数字平台规制的新方向：特别化、前置化、动态化——欧盟〈数字市场法（草案）〉解析》，《法学杂志》2021

年第 9 期。

李书峰、黎雷：《私营部门参与网络空间国际治理概况》，《信息安全与
通信保密》2018 年第 6 期。

李艳：《对当前网络空间国际治理态势的几点思考》，《信息安全与通信
保密》2018 年第 2 期。

李艳：《社会学"网络理论"视角下的网络空间治理》，《信息安全与通
信保密》2017 年第 10 期。

李艳：《网络空间治理的学术研究视角及评述》，《汕头大学学报》（人
文社会科学版）2017 年第 7 期。

刘晗：《域名系统、网络主权与互联网治理历史反思及其当代启示》，
《中外法学》2016 年第 2 期。

刘建伟：《国家"归来"：自治失灵、安全化与互联网治理》，《世界经
济与政治》2015 年第 7 期。

刘菁元：《全球治理中私人规制的行为逻辑研究——以国际森林管理委
员会为例》，博士学位论文，外交学院，2021 年。

刘少杰：《网络化的缺场空间与社会学研究方法的调整》，《中国社会科
学评价》2015 年第 1 期。

刘少杰：《网络化时代的社会空间分化与冲突》，《社会学评论》2013
年第 1 期。

刘杨钺：《重思网络技术对国际体系变革的影响》，《国际展望》2017
年第 4 期。

刘杨钺、徐能武：《新战略空间安全：一个初步分析框架》，《太平洋学
报》2018 年第 2 期。

鲁传颖：《国际政治视角下的网络安全治理困境与机制构建——以美国
大选"黑客门"为例》，《国际展望》2017 年第 4 期。

鲁传颖：《网络空间治理的力量博弈、理念演变与中国战略》，《国际展
望》2016 年第 1 期。

马慧：《关系赋权：网络空间的新型权力范式》，博士学位论文，中国

人民大学，2018 年。

马丽：《网络交易平台治理研究》，博士学位论文，中共中央党校（国家行政学院），2019 年。

马润凡：《论网络空间政治认同的变化》，《国际观察》2018 年第 3 期。

马治国、占妮：《数字社会背景下超级平台私权力的法律规制》，《北京工业大学学报》（社会科学版）2023 年第 2 期。

门豪：《网络共同体的实体缺位与权力重塑》，《理论界》2016 年第 5 期。

孟凡新、涂圣伟：《技术赋权、平台主导与网上交易市场协同治理新模式》，《经济社会体制比较》2017 年第 5 期。

穆琳：《"剑桥分析"事件"算法黑箱"问题浅析》，《中国信息安全》2018 年第 4 期。

欧树军：《通过认证的网络空间治理》，《经济导刊》2017 年第 11 期。

彭琳：《WAPI 背后的国际网络空间技术标准博弈》，《中国信息安全》2016 年第 11 期。

任琳：《多维度权力与网络安全治理》，《世界经济与政治》2013 年第 10 期。

任琳、吕欣：《大数据时代的网络安全治理：议题领域与权力博弈》，《国际观察》2017 年第 1 期。

沈本秋：《大数据与全球治理模式的创新、挑战以及出路》，《国际观察》2016 年第 3 期。

沈丽丽、钟坚龙：《后疫情时代互联网超级平台对国家治理的影响研究》，《中共青岛市委党校·青岛行政学院学报》2020 年第 5 期。

沈逸：《全球网络空间治理原则之争与中国的战略选择》，《外交评论》（外交学院学报）2015 年第 2 期。

沈逸：《网络主权与全球网络空间治理》，《复旦国际关系评论》2015 年第 2 期。

时飞：《网络空间的政治架构——评劳伦斯·莱斯格〈代码及网络空间

的其他法律〉》,《北大法律评论》2008 年第 1 期。

时殷弘:《权势的变迁——全球化和信息技术革命的权势效应》,《学术界》2001 年第 5 期。

孙南翔、张晓君:《论数据主权——基于虚拟空间博弈与合作的考察》,《太平洋学报》2015 年第 2 期。

檀有志:《大数据时代中美网络空间合作研究》,《国际观察》2016 年第 3 期。

檀有志:《网络空间全球治理:国际情势与中国路径》,《世界经济与政治》2013 年第 12 期。

唐皇凤:《数字利维坦的内在风险与数据治理》,《探索与争鸣》2018 年第 5 期。

汪业周、吴丽丽:《网络政治空间:特性、限度与诉求》,《南京邮电大学学报》(社会科学版)2015 年第 1 期。

王俐、周向红:《平台型企业参与公共服务治理的有效机制研究——以网约车为例》,《东北大学学报》(社会科学版)2018 年第 6 期。

王明国:《全球互联网治理的模式变迁、制度逻辑与重构路径》,《世界经济与政治》2015 年第 3 期。

王明国:《网络空间治理的制度困境与新兴国家的突破路径》,《国际展望》2015 年第 6 期。

王明国:《网络空间秩序转型的国际制度基础》,《全球传媒学刊》2016 年第 4 期。

王明进:《全球网络空间治理的未来:主权、竞争与共识》,《人民论坛·学术前沿》2016 年第 4 期。

王四新:《美国大型互联网公司的全球霸权——由巴西社交软件被封引发的民意反抗说起》,《人民论坛》2016 年第 4 期。

王小芳、王磊:《"技术利维坦":人工智能嵌入社会治理的潜在风险与政府应对》,《电子政务》2019 年第 5 期。

王永强:《网络平台:市场规制主体新成员——以淘宝网电商平台为例

的阐述》，《经济法论丛》2014 年第 2 期。

王志鹏、张祥建、涂景一：《大数据时代平台权力的扩张与异化》，《江西社会科学》2016 年第 5 期。

尉洪池：《话语与权力：全球互联网治理话语与实践分析》，博士学位论文，外交学院，2017 年。

吴德胜：《网上交易中的私人秩序———社区、声誉与第三方中介》，《经济学》（季刊）2007 年第 3 期。

吴晓蓉：《网络空间安全建设的伦理思考》，《华南师范大学学报》（社会科学版）2015 年第 5 期。

夏燕：《网络空间的法理分析》，博士学位论文，西南政法大学，2010 年。

肖梦黎：《交易平台自我规制的风险与问责分析》，博士学位论文，上海交通大学，2019 年。

肖梦黎：《平台型企业的权力生成与规制选择研究》，《河北法学》2020 年第 10 期。

肖莹莹：《网络安全治理：全球公共产品理论的视角》，《深圳大学学报》（人文社会科学版）2015 年第 1 期。

徐偲骕、姚建华：《脸书是一个国家吗？——"Facebookistan" 与社交媒体的国家化想象》，《新闻记者》2018 年第 11 期。

徐龙第：《网络空间国际规范：效用、类型与前景》，《中国信息安全》2018 年第 2 期。

徐龙第、郎平：《论网络空间国际治理的基本原则》，《国际观察》2018 年第 3 期。

闫宇晨：《社交平台私权力的滥用及其治理》，《公共管理与政策评论》2023 年第 4 期。

杨峰：《全球互联网治理、公共产品与中国路径》，《教学与研究》2016 年第 9 期。

杨维东：《场域视角下网络空间"双权"博弈的路径思考》，《新闻界》

2017 年第 5 期。

姚璐：《全球化背景下的跨国公司与全球秩序》，博士学位论文，吉林大学，2012 年。

余丽、王隽毅：《网络空间与现实空间的互动及其对国家功能的影响》，《郑州大学学报》（哲学社会科学版）2013 年第 2 期。

喻国明、杨莹莹、闫巧妹：《算法即权力：算法范式在新闻传播中的权力革命》，《编辑之友》2018 年第 5 期。

原平方、孙姝怡：《"中介化协同"：网络社会组织参与网络空间治理的机制分析》，《教育传媒研究》2021 年第 5 期。

岳子涵：《电商平台责任基础与边界——基于"私权力"属性视角下的考量》，《上海法学研究》2021 年第 2 期。

翟秀凤：《创意劳动抑或算法规训？——探析智能化传播对网络内容生产者的影响》，《新闻记者》2019 年第 10 期。

张爱军：《"算法利维坦"的风险及其规制》，《探索与争鸣》2021 年第 1 期。

张彬、隋雨佳：《社交媒体平台不良信息治理主体策略选择——基于三方演化博弈的视角》，《北京邮电大学学报》（社会科学版）2020 年第 6 期。

张小强：《互联网的网络化治理：用户权利的契约化与网络中介私权力依赖》，《新闻与传播研究》2018 年第 7 期。

张晓君：《网络空间国际治理的困境与出路——基于全球混合场域治理机制之构建》，《法学评论》2015 年第 4 期。

张新宝、许可：《网络空间主权的治理模式及其制度构建》，《中国社会科学》2016 年第 8 期。

张新香、胡立君：《声誉机制、第三方契约服务与平台繁荣》，《经济管理》2010 年第 5 期。

张影强：《推动建立全球网络空间治理体系的建议》，《全球化》2017 年第 6 期。

张宇燕、任琳：《全球治理：一个理论分析框架》，《国际政治科学》
　2015 年第 3 期。

章晓英、苗伟山：《互联网治理：概念、演变及建构》，《新闻与传播研
　究》2015 年第 9 期。

赵宬斐、何花：《网络公共空间视域中的公众政治生态及政治品质塑
　造》，《南京政治学院学报》2016 年第 5 期。

赵海乐：《主权克制下的平台自决之惑——数字平台规制的国际协调与
　中国因应》，《苏州大学学报》（哲学社会科学版）2023 年第 6 期。

郑称德、于笑丰、杨雪等：《平台治理的国外研究综述》，《南京邮电大
　学学报》（社会科学版）2016 年第 3 期。

郑戈：《算法的法律与法律的算法》，《中国法律评论》2018 年第 2 期。

郑戈：《在鼓励创新与保护人权之间——法律如何回应大数据技术革新
　的挑战》，《探索与争鸣》2016 年第 7 期。

郑佳宁：《电子商务平台经营者的私法规制》，《现代法学》2020 年第
　3 期。

郑智航：《网络社会法律治理与技术治理的二元共治》，《中国法学》
　2018 年第 2 期。

周辉：《从网络安全服务看网络空间中的私权力》，《中共浙江省委党校
　学报》2015 年第 4 期。

周辉：《技术、平台与信息：网络空间中私权力的崛起》，《网络信息法
　学研究》2017 年第 2 期。

周辉：《算法权力及其规制》，《法制与社会发展》2019 年第 6 期。

周辉：《网络平台治理的理想类型与善治——以政府与平台企业间关系
　为视角》，《法学杂志》2020 年第 9 期。

周义程：《网络空间治理：组织、形式与有效性》，《江苏社会科学》
　2012 年第 1 期。

朱雨昕：《平台治理中的私人规制——以网络直播平台为例》，《上海法
　学研究》集刊 2022 年第 1 卷。

邹军：《全球互联网治理的模式重构、中国机遇和参与路径》，《南京师大学报》（社会科学版）2016 年第 3 期。

邹军：《全球互联网治理：未来趋势与中国议题》，《新闻与传播研究》2016 年第 S1 期。

［美］米尔顿·穆勒、［美］约翰·马西森、［美］汉斯·克莱因：《互联网与全球治理：一种新型体制的原则与规范》，田华译，《汕头大学学报》（人文社会科学版）2017 年第 3 期。

［美］约瑟夫·奈：《机制复合体与全球网络活动管理》，《汕头大学学报》（人文社会科学版）2016 年第 4 期。

　　（二）著作

蔡翠红：《信息网络与国际政治》，学林出版社 2003 年版。

蔡文之：《网络：21 世纪的权力与挑战》，上海人民出版社 2007 年版。

蔡文之：《网络传播革命：权力与规制》，上海人民出版社 2011 年版。

国务院发展研究中心企业研究所课题组：《数字平台的发展与治理》，中国发展出版社 2023 年版。

惠志斌、覃庆玲主编：《网络空间安全蓝皮书：中国网络空间安全发展报告（2019）》，社会科学文献出版社 2019 年版。

金虎：《技术对国际政治的影响》，东北大学出版社 2005 年版。

郎平：《网络空间国际治理与博弈》，中国社会科学出版社 2022 年版。

李艳：《网络空间治理机制探索：分析框架与参与路径》，时事出版社 2018 年版。

李怡然：《网络平台治理：规则的自创生及其运作边界》，上海人民出版社 2021 年版。

刘文富：《网络政治：网络社会与国家治理》，商务印书馆 2004 年版。

鲁传颖：《网络空间治理与多利益攸关方理论》，时事出版社 2016 年版。

申琰：《互联网与国际关系》，人民出版社 2012 年版。

唐守廉主编：《互联网及其治理》，北京邮电大学出版社 2008 年版。

田作高等：《信息革命与世界政治》，商务印书馆 2006 年版。

王艳主编：《互联网全球治理》，中央编译出版社 2017 年版。

徐培喜：《网络空间全球治理：国际规则的起源分歧及走向》，社会科学文献出版社 2018 年版。

杨剑：《数字边疆的权力与财富》，上海人民出版社 2012 年版。

仪名海主编：《信息全球化与国际关系》，中国传媒大学出版社 2006 年版。

张志安、卢家银：《互联网与国家治理蓝皮书：互联网与国家治理发展报告（2018）》，社会科学文献出版社 2018 年版。

中国网络空间研究院编著：《世界互联网发展报告 2023》，商务印书馆 2023 年版。

周辉：《变革与选择：私权力视角下的网络治理》，北京大学出版社 2016 年版。

周学峰、李平主编：《网络平台的法律责任与治理研究》，中国法制出版社 2018 年版。

（三）译著

[法] 米歇尔·福柯：《必须保卫社会》，钱翰译，上海人民出版社 2010 年版。

[法] 米歇尔·福柯：《规训与惩罚》，刘北成、杨远婴译，生活·读书·新知三联书店 2019 年版。

[法] 米歇尔·福柯：《权力的眼睛——福柯访谈录》，严锋译，上海人民出版社 1997 年版。

[加] 罗伯特·W. 考克斯：《生产、权力和世界秩序：社会力量在缔造历史中的作用》，林华译，世界知识出版社 2004 年版。

[美] 埃莉诺·奥斯特罗姆：《公共事务的治理之道：集体行动制度的演进》，余逊达、陈旭东译，上海译文出版社 2012 年版。

[美] R·爱德华·弗里曼：《战略管理：利益相关者方法》，王彦华、梁豪译，上海译文出版社 2006 年版。

［美］奥兰·扬：《世界事务中的治理》，陈玉刚、薄燕译，上海世纪出版集团 2007 年版。

［美］劳拉·德拉迪斯：《互联网治理全球博弈》，覃庆玲、陈慧慧等译，中国人民大学出版社 2017 年版。

［美］劳伦斯·莱斯格：《代码 2.0：网络空间中的法律》，李旭、沈伟伟译，清华大学出版社 2009 年版。

［美］罗伯特·基欧汉、［美］约瑟夫·奈：《权力与相互依赖（第 3 版)》，门洪华译，北京大学出版社 2002 年版。

［美］罗伯特·杰维斯：《系统效应：政治与社会生活中的复杂性》，李少军等译，上海人民出版社 2008 年版。

［美］曼纽尔·卡斯特：《网络社会的崛起》，夏铸九、王志弘等译，社会科学文献出版社 2003 年版。

［美］弥尔顿·L. 穆勒：《网络与国家：互联网治理的全球政治学》，周程等译，上海交通大学出版社 2015 年版。

［美］约瑟夫·奈：《论权力》，王吉美译，中信出版社 2015 年版。

［美］詹姆斯·N. 罗西瑙：《没有政府的治理》，张胜军、刘小林译，江西人民出版社 2001 年版。

［英］安德鲁·查德威克：《互联网政治学：国家、公民与新传播技术》，任孟山译，华夏出版社 2010 年版。

［英］赫德利·布尔：《无政府社会：世界政治秩序研究（第三版)》，张小明译，世界知识出版社 2003 年版。

［英］苏珊·斯特兰奇：《权力流散：世界经济中的国家与非国家权威》，肖宏宇、耿协峰译，北京大学出版社 2005 年版。

二 英文文献

（一）期刊

Baird Z. , "Governing the Internet：Engaging Government, Business and Nonprofits," *Foreign Affairs*, Vol. 81, No. 6, 2002.

Brandie M. Nonnecke, "The Transformative Effects of Multistakeholderism in Internet Governance: A Case Study of the East Africa Internet Governance Forum," *Telecommunications Policy*, Vol. 40, No. 4, 2016.

Daniel T. Kuehl, "From Cyberspace to Cyberpower: Defining the Problem," in Franklin D. Kramer, Stuart Starr and Larry K. Wentz, eds. , *Cyberpower and National Security*, Washington, D. C. : National Defense University Press, 2009.

Daniel W. Drezner, "The Global Governance of the Internet: Bringing the State Back In," *Political Science Quarterly*, Vol. 119, No. 3, 2004.

Daniel W. Drezner, "Weighing the Scales: The Internet's Effect on State—Society Relations," *The Brown Journal of World Affairs*, Vol. 16, No. 2, 2010.

David A. Lake, "Rightful Rules: Authority, Order and the Foundations of Global Governance," *International Studies Quarterly*, Vol. 54, No. 3, 2010.

David Beer, "Power Through the Algorithm? Participatory Web Cultures and the Technological Unconscious," *New Media & Society*, Vol. 11, No. 6, 2009.

David Clark, "Characterizing Cyberspace: Past, Present and Future," ECIR Working Paper, Version 1. 2, March 12, 2010.

David G. , "Post Governing Cyberspace," *Wayne Law Review*, Vol. 43, No. 1, 1996.

David Houghton, "The Role of Self-fulfilling and Self-negating Prophecies in International Relations," *International Studies Review*, Vol. 11, No. 3, 2009.

David J. Rothkopf, "Cyberpolitik: The Changing Nature of Power in the Information Age," *Journal of International Affairs*, Vol. 51, No. 2, 1998.

David Kirkpatrick, "Does Facebook Have a Foreign Policy?" *Foreign Poli-*

cy, Vol. 190, 2011.

David Vogel, "The Private Regulation of Global Corporate Conduct: Achievements and Limitations," *Business & Society*, Vol. 49, No. 2, 2010.

Duncan B. Hollis, "Why States Need an International Law for Information Operations," *Lewis & Clark Law Review*, Vol. 11, No. 4, 2007.

Eric Talbot Jensen, "Cyber Sovereignty: The Way Ahead," *Texas International Law Journal*, Vol. 50, No. 2, 2015.

Evans David S., "Governing Bad Behavior By Users of Multi-sided Platforms," *Berkeley Technology Law Journal*, No. 2, 2012.

Fabrizio Cafaggi, "New Foundations of Transnational Private Regulation," *Journal of Law and Society*, Vol. 38, No. 1, 2011.

Gasser Urs and Schulz Wolfgang, "Governance of Online Intermediaries: Observations from a Series of National Case Studies," *Korea University Law Review*, No. 18, 2015.

Hill Richard, "The Internet, Its governance, and the Multi-stakeholder Model," *Info*, Vol. 16, No. 2, 2014.

Donna L. Hoffman, Thomas P. Novak, and Ann E. Schlosser, "Locus of Control, Web Use, and Consumer Attitudes Toward Internet Regulation," *Journal of Public Policy & Marketing*, Vol. 22, No. 1, 2003.

Internet Society, "Internet Governance: Why the Multistakeholder Approach Works," April 26, 2016.

James Forsyth and Billy Pope, "Structural Causes and Cyber Effects: Why International Order Is Inevitable in Cyberspace," *Strategic Studies Quarterly*, Vol. 8, No. 4, 2014.

Jeanette Hofmann, "Multi-stakeholderism in Internet Governance: Putting a Fiction Into Practice," *Journal of Cyber Policy*, Vol. 1, No. 1, 2016.

Jennifer Clapp and Jonas Meckling, "Business as a Global Actor," in Robert

Falkner, ed. , *The Handbook of Global Climate and Environment Policy*, Oxford: John Wiley & Sons Ltd, 2013.

Joe Waz and Hiii Weiser, "Internet Governance: The Role of Multi-stakeholder Organizations," *Journal on Telecommunication & High Technology Law*, Vol. 10, No. 2, 2013.

Johan Eriksson and Giampiero Giacomello, "Who Controls the Internet? Beyond the Obstinacy or Obsolescence of the State," *International Studies Review*, Vol. 11, No. 1, 2009.

John Mathiason, "Internet Governance Wars: The Realists Strike Back," *International Studies Review*, Vol. 9, No. 1, 2007.

Jonathan Weinberg, "Non-State Actors and Global Informal Governance: The Case of ICANN," in Thomas Christiansen and Christine Neuhold, eds. , *International Handbook on Informal Governance*, UK: Edward Elgar Publishing, 2012.

Joseph S. Nye, "Deterrence and Dissuasion in Cyberspace," *International Security*, Vol. 41, No. 3, 2017.

Joseph S. Nye, "From Bombs to Bytes: Can Our Nuclear History Inform Our Cyber Future?" *Bulletin of the Atomic Scientists*, Vol. 69, No. 5, 2013.

Joseph S. Nye, "Nuclear Lessons for Cyber Security?" *Strategic Studies Quarterly*, Vol. 5, No. 4, 2011.

Joseph S. Nye, "Power and National Security in Cyberspace," in Kristin M. Lord and Travis Sharp eds. , *America's Cyber Future: Security and Prosperity in the Information Age*, Center for a New American Security Report, 2011.

Joseph S. Nye, "The Regime Complex for Managing Global Cyber Activities," Global Commission on Internet Governance Paper Series, No. 1, 2014.

Joseph S. Nye and William A. Owen, "America's Information Edge," *For-*

eign Affairs, Vol. 75, No. 2, 1996.

Kelvin P. Chilton, "Cyberspace Leadership Towards New Culture, Conduct and Capabilities," *Air & Space Power Journal*, Vol. 23, No. 3, 2009.

Kennetch Neil Cukier and Viktor Mayer-Schoenberger, "The Rise of Big Data: How It's Changing the Way We Think about the World," *Foreign Affairs*, Vol. 92, No. 3, 2013.

Kenneth Neil Cukier, "Who Will Control the Internet?" *Foreign Affairs*, Vol. 84, No. 6, 2005.

Kenneth W. Abbott and Duncan Snidal, "International Standards and International Governance," *Journal of European Public Policy*, Vol. 8, No. 3, 2001.

Kevin J. Boudreau and Andrei Hagiu, "Platform Rules: Multi-sided Platforms as Regulators," in Annabelle Gawer ed. , *Platforms, Markets and Innovation*, London: Edward Elgar Publishing, 2009, pp. 163 – 191.

Laura De Nardis and Mark Raymond, "Thinking Clearly about Multi-stakeholder Internet Governance," Paper Presented at Eighth Annual Giga Net Symposium, Novemberv 14, 2013.

Lawrence Cavaiola, David Gompert and Martin Libick, "Cyber House Rules: On War, Retaliation and Escalation," *Survival: Global Politics and Strategy*, Vol. 57, No. 1, 2015.

Lee A. Bygrave, "Contract versus Statute in Internet Governance," in Ian Brown, ed. , *Research Handbook on Governance of the Internet*, Cheltenham: Edward Elgar, 2012.

Madeline Carr, "Power Plays in Global Internet Governance," *Journal of International Studies*, Vol. 43, No. 2, 2015.

Madeline Carr, "The Political History of the Internet: A Theoretical Approach to the Implications for US Power," in Sean Costigan and Jake Perry, eds. , *Information Technology and International Affairs*, Farnham:

Ashgate, 2012.

Marc Holitscher, "Inernet Governance Revisited: Think Decentralization," Input paper Submitted to the ITU-workshop on Internet Governance, Geneva, February 2004.

Marcus Kummer, "The Debate on Internet Governance: From Geneva to Tunis and Beyond," *Information Polity*, Vol. 12, No. 1, 2007.

Mark Raymond and Laura DeNardis, "Multi-stakeholderism: Anatomy of an Inchoate Global Institution," *International Theory*, Vol. 7, No. 3, 2015.

Mary Rundle, "Beyond Internet Governance: The Emerging International Framework for Governing the Networked World," Berkman Center Research Publication, No. 2005 – 16.

Milton Mueller and Ben Wagner, "Finding a Formula for Brazil: Representation and Legitimacy in Internet Governance," Internet Policy Observatory (CGCS), 2014.

Milton Mueller and L. McKnight, "The Post-Com Internet: Toward Regular and Objective Procedures for Internet Governance," *Telecommunications Policy*, Vol. 28, No. 7 – 8, 2004.

Milton Mueller, Andreas Schmidt and Brenden Kuerbis, "Internet Security and Networked Governance in International Relations," *International Studies Review*, Vol. 15, No. 1, 2013.

Milton L. Mueller, John Mathiason and Hans Klein, "The Internet and Global Governance: Principles and Norms for a New Regime," *Global Governance*, Vol. 13, No. 2, 2007.

Milton L. Mueller, John Mathiason and Lee W. McKnight, "Making Sense of 'Internet Governance': Defining Principles and Norms in a Policy Context," Internet Governance Project, Syracuse University, 2014.

Milton Mueller, "ICANN and Internet Governance," *The Journal of Policy, Regulation and Strategy for Telecommunications Information and Media*,

Vol. 1, No. 6, 1999.

Molly Beutz Land, "Net-worked Activism," *Harvard Human Rights Journal*, Vol. 22, 2009.

Myriam Dunn Cavelt, "From Cyber-Bombs to Political Fall-out: Threat Representations with an Impact in the Cyber-security Discourse," *International Studies Review*, Vol. 15, No. 1, 2013.

M. J. G. van Eeten and Milton Mueller, "Where is the Governance in Internet Governance," *New media & Society*, Vol. 15, No. 5, 2012.

Nanette S. Levinson and Hank Smith, "The Internet Governance Ecosystem: Assessing Multi-stakeholderism and Change," 2008 Annual Meeting of the American Political Science Association, August 28 – 31, 2008.

Nanette S. Levinson, "NGOs in Global Internet Governance: Co-Creation Processes, Collective Learning, and Network Effectiveness," APSA 2009 Toronto Meeting Paper.

Nazli Choucri and David Clark, "Cyberspace and International Relations: Toward an Integrated System," Paper Presented at Massachusetts Institute of Technology, August 2011.

Nazli Choucri and David Clark, "Integrating Cyberspace and International Relations: The Co-Evolution Dilemma," Massachusetts Institute of Technology Political Science Department Working Paper, No. 2012 – 29.

Neil Weinstock Netanel, "Cyberspace Self-governance: A Sceptical View from Liberal Democratic Theory," *California Law Review*, Vol. 88, No. 2, 2000.

Paul A. Pavlou and David Gefen, "Building Effective Online Marketplaces with Institution-based Trust," *Information Systems Research*, Vol. 15, No. 1, 2004.

Rachel Griffin, "Public and Private Power in Social Media Governance: Multistakeholderism, the Rule of Law and Democratic Accountability," *Trans-*

national Legal Theory, Vol. 14, No. 1, 2023.

Rex Hughes, "A Treaty for Cyberspace," *International Affairs*, Vol. 86, No. 2, 2010.

Robert O. Keohane and Joseph S. Nye, "Power and Interdependence in the Information Age," *Foreign Affairs*, Vol. 77, No. 5, 1998.

Robert La Rose and Matthew S. Eastin, "Is Online Buying Out of Control? Electronic Commerce and Consumer Self-regulation," *Journal of Broadcasting & Electronic Media*, Vol. 46, No. 4, 2002.

Ronald J. Deibert and Masashi Crete-Nishihata, "Global Governance and the Spread of Cyberspace Controls in Global Governance: A Review of Multilateralism and International Organizations," *Global Governance*, No. 18, 2012.

Ronald J. Deibert and Rafal Rohozinski, "Liberation vs. Control: The Future of Cyberspace," *Journal of Democracy*, Vol. 21, No. 4, 2010.

Ronald J. Deibert, "The Growing Dark Side of Cyberspace and What to Do About It," *Penn State Journal of Law & International Affairs*, Vol. 1, No. 2, 2012.

Scot J. Shackelford, "Toward Cyberpeace: Managing Cyberattacks Through Polycentric Governance," *American University Law Review*, Vol. 62, No. 5, 2013.

Sean Lawson, "Beyond Cyber-Doom: Assessing the Limits of Hypothetical Scenarios in the Framing of Cyber-threats," *Journal of Information Technology & Politics*, Vol. 10, No. 1, 2014.

Tim Maurer and Robert Morgus, "Tipping the Scale: an Analysis of Global Swing States in the Internet Governance Debate," GIGI Internet Governancepaper, No. 7 May, 2014.

T. Bartley, "Institutional Emergence in an Era of Globalization: The Rise of Transnational Private Regulation of Labor and Environmental Conditions,"

Journal of Sociology, Vol. 113, No. 1, 2007.

UN General Assembly Economic and Social Council, "Report of the Working Group on Improvements to the Internet Governance Forum A/67/65 - E/ 2012/48," United Nations Conference on Trade and Development, March 16, 2010.

Wolf Heintschel von Heinegg, "Territorial Sovereignty and Neutrality in Cyberspace," *International Law Studies*, Vol. 89, 2013.

Wolfgang Kleinwachter, "Internet Co-Governance: Towards a Multilayer Multiplayer Mechanism of Consultation, Coordination and Cooperation (M3C3)," *E-Learning and Digital Media*, Vol. 3, No. 3, 2006.

Wolfgang Kleinwachter, "The Silent Subversive: ICANN and the New Global Governance," *Journal of Policy, Regulation and Strategy for Telecommunication*, Vol. 3, No. 4, 2001.

（二）著作

Adam Segal, *The Hacked World Order: How Nations Fight, Trade, Maneuver, and Manipulate in the Digital Age*, NewYork: Public Affairs, 2016.

Athina Karatzogianni, *The Politics of Cyberconflict*, London: Routledge, 2006.

David J. Betz and Tim Stevens, *Cyberspace and the State: Toward a Strategy and the State*, New York: Routledge, 2011.

Derek Reveron, eds. , *Cyberspace and National Security: Threats, Opportunities and Power in a Virtual World*, Washington, D. C. : George-town University Press, 2012.

Don MacLean, ed. , *Internet Governance: A Grand Collaboration*, New York: United Nations ICT Task Force, 2004.

Doris Fuchs, *Business Power in Global Governance*, Boulder: Lynne Renner Publishers, 2007.

Eric Brousseau, Meryem Marzouki and Cecile Meadel, eds. , *Governance*,

Regulation and Powers on the Internet, Cambridge: Cambridge University Press, 2013.

Graz-Jean Christophe and Nolke Andreas, *Transnational Governance and Its Limits*, New York: Routledge, 2008.

Jack Goldsmith and Tim Wu, *Who Controls the Internet? Illusions of a Borderless World*, New York: Oxford University Press, 2006.

James N. Rosenau and J. P. Singh, eds., *Information Technologies and Global Politics: The Changing Scope of Power and Governance*, Albany: State University of New York Press, 2002.

Jan-Frederik Kremer and Benedikt Muller, eds., *Cyberspace and International Relations: Theory, Prospects and Challenges*, Verlag Berlin and Heidelberg: Spinger, 2014.

Jeremy Malcolm, *Multi-Stakeholder Governance and the Internet Governance Forum*, Perth: Terminus Press, 2008.

Joseph S. Nye, *The Future of Power in the 21st Century*, Washington, DC: Public Affairs Press, 2011.

J. Hoffmann, eds., *Contending Perspectives on Global Governance: Coherence, Contestation and World Order*, New York: Routledge, 2005.

J. Mathiason, *Internet Governance: The New Frontier of Global Institutions*, London: Routledge, 2008.

Jeanne P. Mifsud Bonnici, *Self-regulation in Cyberspace*, The Hague: T. M. C. Asser Press, 2008.

Laura De Nardis, *The Global War for Internet Governance*, New Haven: Yale University Press, 2014.

Lee A. Bygrave and Jon Bing, eds., *Internet Governance: Infrastructure and Institutions*, Oxford: Oxford University Press, 2009.

Liu Yangyue, *Competitive Political Regime and Internet Control*, Newcastle: Cambridge Scholars Publishing, 2014.

Malcolm Jeremy, *Multi-stakeholder Governance and the Internet Governance Forum*, Australia: *Terminus Press*, 2008.

Michael Barnett and Raymond Duvall, eds. , *Power in Global Governance*, Cambridge: Cambridge University Press, 2005.

Michael Dartnell, *Insurgency Online*: *Web Activism and Global Conflict*, Toronto: University of Toronto Press, 2006.

Michael D. Ayers and Martha Mccaughey, eds. , *Cyberactivism*: *Online Activism in Theory and Practice*, New York: Routledge, 2003.

Michael N. Schmit, *Talinn Manual on International Law Applicable to Cyber Warfare*, Cambridge: Cambridge University Press, 2013.

Milton Mueller, *Networks and States*: *The Global Politics of Internet Governance*, Cambridge and London: The MIT Press, 2010.

Milton Mueller, *Ruling the Root*: *Internet Governance and the Taming of Cyberspace*, Cambridge: MIT Press, 2002.

Myriam Dunn, Sai Felicia Krishna-Hensel and Victor Mauer, eds. , *The Resurgence of the State*: *Trends and Processes in Cyberspace Governance*, Aldershot: Ashgate Publishing Ltd. , 2007.

Myriam Dunn, Victor Mauer and Sai Felicia Krishna-Hensel, *Power and Security in the information Age*: *Investigating the role of the state in Cyberspace*, New York: Routledge, 2016.

Nicholas Tsagourias and Russell Buchan, eds. , *Research Handbook on International Law and Cyberspace*, Cheltenham: Edward Elgar Publishing Ltd, 2015.

Panayotis A. Yannakogeorgos and Adam B. Lowther, eds. , *Conflict and Cooperation in Cyberspace*: *The Challenge to National Security*, Boca Raton: CRC Press, 2013.

Peter W. Singer and Allan Friedman, *Cybersecurity and Cyberwar*: *What Everyone Needs to Know*, New York: Oxford University Press, 2014.

Reveron S. Derek, ed. , *Cyberspace and National Security: Threats, Opportunities, and Power in a Virtual World*, Washington, D. C: Georgetown University Press, 2012.

Richard A. Clarke and Robert Knake, *Cyber War: The Next Threat to National Security and What to Do about It*, New York: Harper Collins, 2010.

Richard A. Higgott, Geoffery R. D. Underhill and Andreas Bieler, eds. , *Non-state Actors and Authority in the Global System*, London: Routledge, 2000.

Robert Keohane, *Introduction: Realism, Institutional Theory and Global Governance: Power and Governance in a Partially Globalized World*, London: Routledge, 2002.

Ronald Deibert and Rafal Rohozinski, *Contesting Cyberspace and the Coming Crisis of Authority*, Cambridge: MIT Press, 2012.

Ronald Deibert, John Palfrey, Rafal Rohozinski et al. , eds. , *Access Controlled: The Shaping of Power Rights and Rule in Cyberspace*, Massachusetts: The MIT Press, 2010.

Roxana Radu, Jean-Marie Chenou and Rolf H. Weber, eds. , *The Evolution of Global Internet Governance: Principles and Policies in the Making*, London: Springer, 2014.

Taina Bucher, *If... Then: Algorithmic Power and Politics*, New York: Oxford University Press, 2018.

Teven F. Hick and John G. McNutt, *Advocacy, Activism, and the Internet: Community Organization and Social Policy*, Chicago: Lyceum Books, 2002.

Thomas Rid, *Rise of the Machines: A Cybernetic History*, London: W. W. Norton & Company, 2016.

Tim Jordan, *Cyberpower: The Culture and Politics of Cyberspace and the Internet*, London: Routeledge, 1999.

William Drake and Ernest Wilson, eds. , *Governing Global Electronic Networks: International Perspectives on Policy and Power*, Cambridge, MA: MIT Press, 2005.

William Gibson, *Neuromancer*, NewYork: Ace Books, 1984.